流体力学基础实验
LIUTI LIXUE JICHU SHIYAN
（第二版）

主　编　李喜斌　李冬荔　江世媛
副主编　张洪雨　李　刚　章军军

哈尔滨工程大学出版社
Harbin Engineering University Press

内 容 简 介

本书内容包括流体力学实验基础知识,伯努利能量方程、雷诺实验、局部水头损失、沿程水头损失、毕托管测量流速、动量定理等基础测量项目,以及流态演示、紊动机理、水面曲线等演示实验。

本书适合作为高等院校船舶工程学院、航空与建筑工程学院、热能与动力工程学院、核科学与技术学院、国际合作学院等相关院系流体力学实验的教学用书。

图书在版编目(CIP)数据

流体力学基础实验 / 李喜斌,李冬荔,江世媛主编
. — 2 版. — 哈尔滨 : 哈尔滨工程大学出版社,2019.8(2025.4 重印)
ISBN 978 – 7 – 5661 – 2379 – 4

Ⅰ. ①流… Ⅱ. ①李… ②李… ③江… Ⅲ. ①流体力学 – 实验 – 高等学校 – 教材 Ⅳ. ①O35 – 33

中国版本图书馆 CIP 数据核字(2019)第 169208 号

选题策划　史大伟
责任编辑　张玮琪
封面设计　恒润设计

出版发行　哈尔滨工程大学出版社
社　　址　哈尔滨市南岗区南通大街 145 号
邮政编码　150001
发行电话　0451 – 82519328
传　　真　0451 – 82519699
经　　销　新华书店
印　　刷　哈尔滨午阳印刷有限公司
开　　本　787 mm × 1 092 mm　1/16
印　　张　10
字　　数　264 千字
版　　次　2019 年 8 月第 2 版
印　　次　2025 年 4 月第 7 次印刷
定　　价　22.00 元

http://www.hrbeupress.com
E-mail:heupress@ hrbeu.edu.cn

前　言

　　本书是在浙江大学《工程流体力学实验指导书》《仪器使用说明书》的基础上，融合哈尔滨工程大学流体力学实验教学组 30 多年实验教学经验编写而成。本书编写过程中也参考了很多院校的优秀的流体力学实验专业书籍和教学成果。

　　实践证明，实验设备主装置原理图、运行流程图对学生课前预习、理解实验和实验操作都有很大的帮助，本书在这方面做了许多工作。本书根据实验设备的实际尺寸比例绘制了大部分实验装置原理图、插图。实验装置图清晰、准确是本书的一个特色。本书第一章内容列出了实验的知识点，后续章节给出了实验背景资料和实验前应了解的知识及概念。而该实验内容在科研工作中的应用扩展及相关概念，因超出大纲要求，所以编写在该实验项目后的相关阅读部分。本书也有部分经典插图和相关内容来自网络，在此向原创者表示敬意。本书适合作为高等院校船舶工程学院、航空与建筑工程学院、热能与动力工程学院、核科学与技术学院、国际合作学院等相关院系的流体力学课程实验的教学用书。

　　本书由李喜斌、李冬荔、江世媛、张洪雨、李刚、章军军共同编写。其中李喜斌编写第三章、第四章、第五章、第八章、第九章、第十四章，李冬荔编写第一章、第六章，江世媛编写第十五章、第十六章，张洪雨编写第十章、第十一章，李刚编写第二章、第七章，章军军编写第十二章、第十三章。

　　本书第一至十五章插图由李喜斌绘制或整理完成，全书由李喜斌统稿。本书在编写过程中，得到浙江大学水利实验室的大力帮助，也得到了哈尔滨工程大学郭春雨老师、刘佳楠老师、王松武老师的大力支持，在此一并致谢。

　　由于编写时间仓促，加之水平有限，书中错误和不足之处在所难免，欢迎读者批评指正。

编　者

2015 年 10 月

目　　录

第一章　流体力学实验基础知识

流体是由大量的、不断做热运动而且无固定平衡位置的分子构成的液体或气体的总称。它在平衡时不能承受任何大小的剪切力,几乎没有抵抗形变的能力,并且都具有某种程度的可压缩性。

从生产到生活,流体无处不在,对于流体的研究,从阿基米德开始,已有两千多年的历史,取得了大量的成就。今天我们既可以从宏观的角度来研究流体,也可从微观的角度来分析流体。而对于流体力学实验的学习,我们首先要了解流体的基本物理性质、流体力学实验测量中需要的基本知识。这些基础知识看似简单,却不时出现在各专项实验环节当中,对该实验理解领会有重要意义。本章主要介绍流体力学实验中直接或间接用到的知识及实验操作性强的知识。

第一节　水平、U 形管和连通器的概念及应用

一、水平及应用

静止的水,在一定的范围(工程范围)内是水平的,其主要原因是水没有固定状态,不能承受任何剪切应力,并且可以利用自身重力达到稳定的状态,这就是水平。

利用静止流体表面是水平的原理(见图 1.1),常常把静止流体表面作为工程参考基准面(线),如拖曳水池用水平水槽内水的水平作基准来校正拖车轨道水平情况(见图 1.2)。水平泡用来校正小尺度仪器底座水平、水平管可用来确定较大尺度范围的水平基线,还有水平仪、水平尺等都有不同应用。测量的数值都是相对的,参考基线(基准面)的选取很重要。调试好测试基线是一切准确测量的基础。

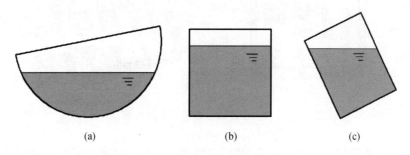

|(a)|(b)|(c)|

图 1.1　各容器的水面始终相平(水平)

流体力学实验室很多仪器都是选择水平面作为测量基准,实验台桌面要水平,通过实验台下方的四个调整螺栓调节每个桌角高低,桌面用水平尺多点校核水平。

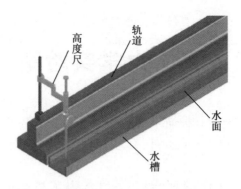

图 1.2　利用水平原理校正拖车轨道（水平）

二、U 形管、连通器及应用

1. U 形管

图 1.3 所示为 U 形管示意图,其形状似字母"U"而得名。同一种液体放入 U 形管,只要管内液体连续静止时液面就会齐平(水平),实质是两边水柱对最低点所在截面 $D—D$ 压力相等。

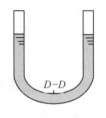

图 1.3　U 形管水面相平图

2. 连通器

将两个或多个容器底部连通起来就构成连通器。连通器原理和 U 形管原理一样,它可以看作是 U 形管的变形。连通器原理在流体力学实验中经常被使用。连通器的特点也是只有容器内装有同一种液体,连接管路内充满连续液体时各个容器中的液面才是相平(水平)的。如果容器倾斜,则各容器中的液体开始流动,由液柱高的一端向液柱低的一端流动,直到各容器中的液面相平(水平)为止,即停止流动而静止,如图 1.4 所示。

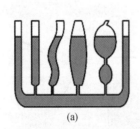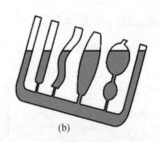

(a)　　　　　　　　　　(b)

图 1.4　连通器各连通管水面相平

利用以上 U 形管和连通器的性质,我们可以校验流体力学实验过程中连接管路内气体是否排净。排气是流体力学实验前非常重要的准备工作。只有管路中气体排净了,流体才能连续,测点的压力才能准确传递并反映在测压板上;否则流体不连续,测压管上测得的值不是真值。

图 1.5 所示为伯努利能量方程实验装置上半部分,组合管路上布置 19 个测点,分别和测压板上的 19 根测管用透明软管一一对应连接。图 1.5 中只画了测点 16 和测压管 16 对应连接的情形,其他省略。这样上游水箱、实验管道、连接软管和测压管就组成了连通器

（在阀门完全关闭，水面溢流的情况下），当连接测点和测压板的管道及软管充满连续的流体，所有测管 1~19 水面应该相平并且和上游水箱高度一致。如果不一致就说明系统内有气体，就要排气。介质连续了，测点的压力就可以在测压板上准确地反映出来，如果连接系统内有气体就会造成流体不连续，测量值不准确，具体的排气方法参见具体的实验项目。

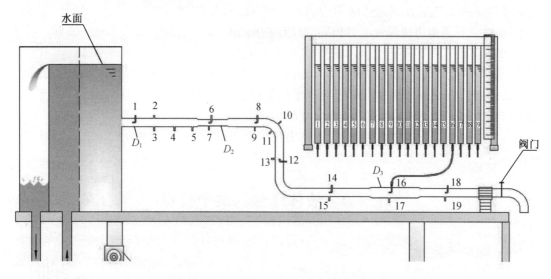

图 1.5　阀门关闭设备各部分构成变形连通器水面齐平

如用橡皮管将两根玻璃管连通起来，容器内装同一种液体，将其中一根管固定，使另一根管升高、降低或倾斜，可看到两根管里的液面在静止时总保持相平，这就是工程上常用的水平管，常常用来确定较大尺寸上的水平基准线或其他方面应用的等高线。

3. 连通器其他方面的应用

连通器在工农业生产中大量应用，下面举几个例子。液位指示管，也是测压管，在被测量液位（压力）容器上开个小孔，焊接或胶粘一段小管子，用软胶管连接到玻璃管上，如图1.6所示。这样玻璃管和被测压力容器就构成了连通器，容器内压力或液位就可以在玻璃管上显示出来。

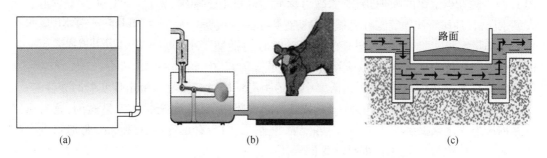

(a)	(b)	(c)

图 1.6　连通器其他方面的应用

三、虹吸现象

虹吸现象是液态分子间引力与位差能造成的,即利用水柱压力差,使水上升再流到低处。由于管口水面承受不同的大气压力,水会由压力大的一边流向压力小的一边,直到两边的大气压力相等,容器内的水面变成相等高度,水就会停止流动,如图1.7所示。利用虹吸现象很快就可将容器内的水抽出。流体力学实验室经常会遇到给设备加水或狭小区域放水的情况,利用虹吸管非常方便。注意虹吸开始前,虹吸管子中要充满连续的水。这是一项实用技巧,流体力学实验人员应该掌握。

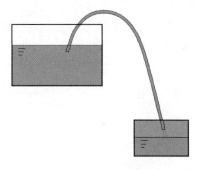

图1.7　虹吸现象

第二节　液体压强的两个特点

一、帕斯卡定律

帕斯卡定律是指流体(气体或液体)力学中,封闭容器中的静止流体的某一部分发生的压强变化,将毫无损失地传递全流体的各个部分和容器壁。这是流体静力学的一条定律,它指出了不可压缩静止流体中任一点受外力产生压力增值后,此压力增值瞬时间传至静止流体各点。

帕斯卡是在大量观察、实验的基础上,才发现了帕斯卡定律的。在帕斯卡做过的大量实验中,最著名的是他用一个木酒桶,顶端开一个孔,孔中插接一根很长的铁管,将接插口密封好。实验的时候,酒桶中先装满水,然后慢慢地往铁管里注几杯水,当管子中的水柱高达几米的时候,就见木桶突然破裂,水从裂缝向四面八方喷出(见图1.8)。帕斯卡定律的发现,为流体静力学的建立奠定了基础,为大型水压机、油压千斤顶等工程机械的发明提供了理论根据。

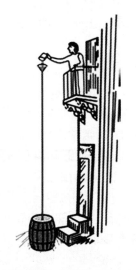

图1.8　一杯水压破木水桶的实验

在动量定理实验中,带活塞套的测压管水柱对活塞套中心点的压强也同样传递到活塞上面,大小相等,都是$\rho g h_c$,其中h_c是测压管水位高度,数值为测管液面到活塞中心的距离。这一点预习动量定理实验时要注意。

在沿程损失实验中也会遇到这个问题,排净管路中气体,完全关闭流量阀门,这时密闭管路内压力为水泵提供的压力,管内各点都相等,我们会看见连接在测量段两端测点上的压力表压差读数为0,比压计都显示为同样压力。

二、用水柱高表达点的压力

流体力学最关心的问题之一是流场内的压力分布和速度分布,具体体现为流场中任意一点的速度和压力的测量问题。这可以用毕托管和测压管来测量,在流体测量中毕托管是一种约定,用来测量流场中点的速度与压力。这是因为毕托管尺寸相对流场来说很小,点的定义来自数学,就是点没有大小,线由点组成没有宽窄,点没有大小,即没有面积,就无法用压强单位来表达,所以用水柱高来表达点的压力(压强)是非常恰当的。

第三节　流体的密度、重度和相对密度

在流体力学实验数据处理过程中,液体的密度、重度和相对密度这几个概念极易混淆,有必要在实验之前预习一下。

一、流体的密度 ρ

1. 流体密度 ρ 的定义

物质的密度是单位体积物质的质量。流体的密度是单位体积流体的质量,是流体重要的属性之一,它表征流体在空间某点质量的密集程度。流体中围绕某点的体积为 δV,对应该体积的质量为 δm,则比值 $\dfrac{\delta m}{\delta V}$ 为某点体积 δV 的流体微团的平均密度。令 $\delta V \to 0$,取该比值极限,就是该点液体的密度,即

$$\rho = \lim_{\delta V \to 0} \frac{\delta m}{\delta V} \tag{1-1}$$

式中,ρ 表示流体单位体积内所具有的质量,单位为 kg/m^3。

如果液体是均匀的,则该液体的密度就是

$$\rho = \frac{\delta m}{\delta V} = \frac{m}{V}, \text{即} \ \rho = \frac{m}{V} \tag{1-2}$$

式中　m——流体质量,kg;

V——对应流体体积,m^3。

2. 液体密度的测量

液体密度的测量工具,都是很成熟的工业产品,实验室常用的有振动式密度计和浮子式密度计。

(1)振动式密度计

将定量液体放入振动试管,机器会保温并维持温度,根据振动频率和标定值比较得出液体密度。

(2)浮子密度计

浮子密度计是根据阿基米德定律和物体浮在液面上平衡的条件制成的,是测定液体密度的一种仪器。它用一根密闭的玻璃管,一端粗细均匀,内壁贴有刻度纸,另一头稍膨大呈泡状,泡里装有小铅粒或水银,使玻璃管能在被检测的液体中竖直地浸入足够的深度,并能稳定地浮在液体中,也就是当它受到任何摇动时,能自动地恢复成垂直的静止位置。当密度计浮在液体中时,其本身的重力跟它排开液体的重力相等,于是在不同的液体中浸入不同的深度,密度计就是利用这一关系刻度的标尺,通过标定数值对比就可以求出该种液体的密度。浮子密度计造价低廉,使用广泛,如图1.9所示。

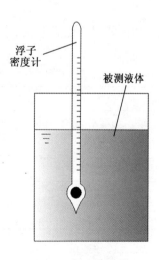

图 1.9　浮力密度计
测液体密度

（3）流体的重度

在地球重力场中所有物体都具有质量,单位流体中流体的质量称为流体的重度或容重。它是描述流体质量在空间中分布的物理量,一般用 γ 表示。

对于非均匀流体某点的重度

$$\gamma = \lim_{\delta V \to 0} \frac{\delta G}{\delta V} \tag{1-3}$$

对于均匀流体的重度

$$\gamma = \frac{G}{V} \tag{1-4}$$

式中　γ——流体的重度,N/m^3；

$\delta G, G$——流体的质量,N；

$\delta V, V$——流体的体积,m^3。

（4）密度与重度的关系

因为

$$G = mg, \gamma = \frac{G}{V}, \rho = \frac{m}{V}$$

所以

$$G = \gamma \cdot V, m = \rho \cdot V$$

将 $G = \gamma \cdot V, m = \rho \cdot V$ 带入 $G = mg$ 得到流体的密度与重度之间的关系为

$$\gamma = \rho \cdot g \tag{1-5}$$

式中,g 表示重力加速度。

根据上边测得的液体密度,液体的重度可以通过测定的密度,根据 $\gamma = \rho \cdot g$ 的关系进行换算。

2. 流体的相对密度

流体力学实验数据换算中还会用到相对密度的概念。不应混淆重度与相对密度的概念,相对密度是指某流体的质量与同体积 4 ℃水质量比值,它是一个无量纲数,用符号 δ 表示,它也等于某流体的密度或重度与同体积 4 ℃时水的密度或重度的比值,即

$$\delta = \frac{\gamma_f}{\gamma_w} = \frac{\rho_f}{\rho_w} \tag{1-6}$$

水的相对密度为 1.00,水银的相对密度为 13.6,几种常见流体的密度与重度见表 1.1。

表 1.1　几种常见液体的密度与重度值

流体	温度/℃	密度/(kg/m^3)	重度/(N/m^3)
蒸馏水	4	1 000	9 806
海水	15	1 020 ~ 1 030	10 000 ~ 10 100
石油	15	880 ~ 890	8 630 ~ 8 730
酒精	15	790 ~ 800	7 750 ~ 7 840
水银	0	13 600	133 400
空气	0	1.293	12.68
氧气	0	1.429	14.02

第四节　流体的黏性及测量方法

一、流体的易流性

通常我们把能流动的物质称为流体,流体在力学性能上与固体的主要区别在于它们对于外力的抵抗能力是不同的,具体体现在以下两点:

(1)流体不能承受拉力,因此流体内部不存在抵抗拉伸变形的拉应力;

(2)静止时,流体在微观平衡状态下不能承受剪切力,任何微小的剪切力都会导致流体连续变形、平衡破坏、产生流动。

流体的这两个特点就是流体的易流性。

二、流体的黏滞性

流体的黏性并不是很好理解的,下边通过两个例子来说明流体黏性的表现。实际上几乎所有流体都是有黏性的。黏性流体流经固体壁面时,紧贴固体壁面的流体质点黏附于固体壁面,它们与固面的相对速度等于零,这与理想流体大不相同。既然流体质点要黏附于固体壁面上,受固体壁面的影响,在固体壁面和流体的主流之间必定要有一个由固体壁面的速度过渡到主流速度的流速变化的区域。由此可见,在同样的通道中流动的理想流体和黏性流体,它们沿截面的速度分布是完全不同的。对于流速分布不均匀的黏性流体,在流动的垂直方向上必然出现速度梯度,在相对运动着的流层之间必有相互作用,产生摩擦阻力,也就是存在切向应力。要克服流层间的阻力,维持黏性流体的流动,就要消耗机械能,消耗的这部分机械能转化为热能而被流体带走。这就是流体的黏滞性,也叫黏性,黏性是流体抵抗剪切形变的一种固有物理属性。

图 1.10 为工程中常见的水管层流流速分布图,其中图 1.10(a)为氢气泡法照片,图 1.10(b)为绘制的流速抛物线分布图。之所以拿层流举例,是因为层流时黏性阻力所占比例大,紊流时阻力成分相对复杂。用毕托管也可测得流体在该断面的流速分布,绘成图也是一样的规律。流体沿管道直径方向分成很多流层,各层的流速不同。从氢气泡法照片可以清晰地看到,管轴心处的流速最大,向着管壁圆周逐渐减小,直至管壁处的流速小至几乎为零,流体黏性的外在表象。

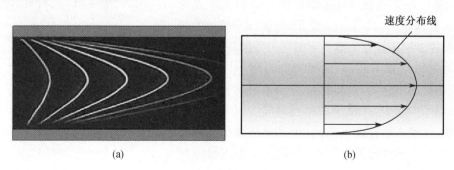

图 1.10　因黏性层流管道呈现的流速分布图

(a)氢气泡法照片;(b)绘制的流速抛物线分布图

图 1.11 为两块相互平行的平板,中间充满着流体。让上板以速度 v 沿水平运动,而下板保持静止不动。由于黏性力作用,与上板接触的流体将以速度 v 运动,而与下板接触的流体则静止不动,中间流体则由上板的速度 v 逐渐变化至下板的零,这与管道中的流速分布是一致的。各流层之间都有相对运动,因而必定产生切向阻力,即内摩擦阻力。要维持这种运动,必须在上板施加与内摩擦阻力大小相等方向相反的切向力。这一切都是因为流体具有黏性造成的。图 1.11(a)是氢气泡法照片,图 1.11(b)是毕托管测得的速度分布图。

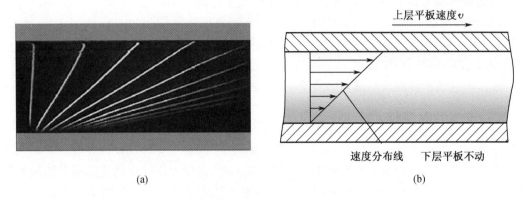

(a)   (b)

图 1.11 流体黏性实验示意图

(a)氢气泡法照片;(b)毕托管测得的速度分布图

三、流体黏性测量方法

1. 仪器测定方法

测定黏度的仪器叫黏度仪,用黏度仪测定液体黏度很方便。黏度仪种类繁多,按原理分,常用的有毛细管式黏度计、旋转式黏度计和振动式黏度计等。

(1)毛细管式黏度计

样品容器内充满待测样品,温度保持恒温,通过记录待测液流至指定刻度线的时间来衡量黏度大小,时间越长则样品黏度越大。

(2)奥氏毛细管黏度计介绍

奥氏毛细管黏度计是带有两个球泡的 U 形玻璃管,球形泡 1 上、下各设一环形刻度线 a 和 b,其下方为一段毛细管,如图 1.12 所示。使用时,使体积相等的两种不同液体分别流过球形泡 1 下的同一毛细管,由于两种液体的黏滞系数不同,因而流完的时间不同。测定时,一般都是用水作为标准液体,先将水注入球形泡 2 内,然后吸入 1 泡中,并使水面达到刻痕 a 以上。由于重力作用,水经毛细管流入 2 泡,当水面从刻痕 a 降到刻痕 b 时,记下其经历的时间 t_1,然后在 2 泡内换以相同体积的待测液体,用相同的方法测出相应的时间 t_2,根据事先给定的数据表求出第二种液体的黏度。奥氏黏度计制作容易,操作简便,具有较高的测量精度,特

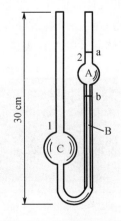

A—球形泡 1;B—毛细管;C—球形泡 2;
a—上环型测定线;b—下环形测定线。

图 1.12 奥氏毛细管黏度计

别适用于黏滞系数较小的液体,如水、汽油、酒精、血浆或血清等的研究。

(3)旋转式黏度计

它也是一种广泛使用的黏度计。使用时,仪器中注满待测液,保持恒温,开动电机带动测力机构旋转,需要的力矩越大,则样品黏度越大。力矩值通过电容转化为电信号,由仪表显示出来,即可读取黏度。

(4)振动式黏度计

处于流体内的物体振动时会受到流体的阻碍作用,此作用力大小与黏度有关,故可在流体中放弹片,通过测此弹片的机械振动的振幅来求得黏度。

第五节 表面张力现象、毛细现象、浸润和不浸润现象

一、表面张力现象

我们先来看一下表面张力的现象,一根棉线拴在铁丝环中间,略松弛一些,并把它放到肥皂水中,拿出来后环上会出现一层肥皂薄膜。我们用针刺破肥皂膜的一侧,则棉线会被拉向另一侧,如图 1.13 所示。水蚊子能轻松漂浮于水面之上,主要依靠表面张力支撑自身重力,如图 1.14 所示。液体表面这种收缩趋势是由液体表面张力造成的,下面我们分析一下表面张力。

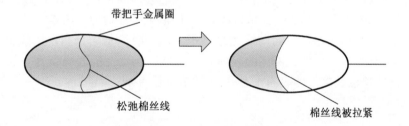

图 1.13 表面张力拉紧棉丝线

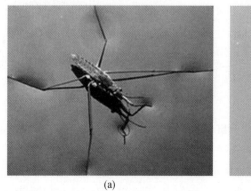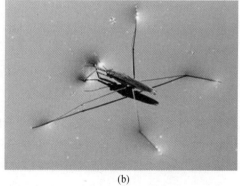

(a)　　　　　　　　　　　　　(b)

图 1.14 水蚊子依靠表面张力支撑自身重力

按照分子引力理论,分子间的引力与其距离的平方成反比,超过吸引力作用半径 r(r 为

$10^{-10} \sim 10^{-8}$ m),则引力变得很小,可忽略不计。以 r 为半径的空间球域称作分子作用球。液体内部每个分子均受分子作用球内同种分子的作用完全处于平衡状态,但在与空气接触的液体表面部分,在液面下距离小于 r 的薄层内的分子,其分子作用球内有液体和空气两种分子,气体分子引力远小于液体分子引力,可忽略不计,则在此层的分子会受到一个不平衡的分子合力。此力垂直于液面而指向液体内部,在此不平衡分子合力作用下,薄层内的分子都力图向液体内部收缩。如果没有容器限制和重力的影响,则微小液滴表层就像蒙在液滴上的弹性薄膜一样,紧紧向中心收缩,最后会缩成最小表面积的球形。

图 1.15　表面张力成因分析图之一

再来比较液体内的分子 A 和液面分子 B 的受力情况。以分子力的有效力程为半径,作以分子 A 为中心的球面(见图 1.16),则所有对分子 A 有作用的分子都在球面之内。选取一段较长的时间 T(是分子两次碰撞之间的平均时间),由于对称,在这段时间内,各个分子对 A 的作用力的合力等于零。以分子 B 为中心的球面中的一部分在液体当中,另一部分在液面之外,这部分分子密度远小于液体部分的分子密度。如果忽略这部分分子对 B 的作用,则由于对称,CC' 和 DD' 之间所有分子作用力的合力等于零;对 B 有效的作用力是由球面内 DD' 以下的全体分子产生的向下合力。由于处在边界内的每一个分子都受到指向液体内部的合力,所以这些分子都有向液体内部下降的趋势,同时分子与分子之间还有侧面吸引力,即有尽量收缩表面的趋势。如果将液滴剖开,取上半球台为分离体(见图 1.17),因为球表面向球心收拢,则在球台剖面周线上存在张力,它连续、均匀分布在周线上,方向与液体的球形表面相切,这种力就是液体的表面张力。单位长度上的表面张力一般用 σ 表示,它表示表面周线单位长度上的表面张力值,σ 的单位是 N/m。

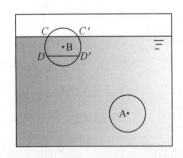

图 1.16　表面张力成因分析图之二

图 1.17　表面张力成因分析图之三

球形液滴现象:玻璃板上的水银滴基本上呈球形,这是因为水银滴外表面薄层内所有的分子都处在高势能状态。计算表明,如使分子总势能为极小,则表面必定呈圆球形。如果设法消除重力的影响,例如把液滴放在相对密度相同又与液滴不起化学反应的另一种液体中,或在真空中自由下落,或在失重的人造卫星与火箭的环境中,则液滴将呈现理想的球形。球面形的肥皂泡,荷叶上的球形露珠都是例证,如图 1.18 所示。

二、毛细现象

液体分子间的吸引力称为内聚力,液体与固体分子间的吸引力称为附着力。当液体与固体壁面接触时,若液体内聚力小于固体间的附着力,液体将润湿、附着壁面,沿壁面向外伸展;若液体内聚力大于与固体间的附着力,液体将不润湿壁面,而是自身抱成一团。液体与固体壁面接触时的这种性质,可以用来解释毛细管中液面的上升或下降现象。

图 1.18　荷叶上的圆形露珠

如图 1.19、图 1.20 所示,将细玻璃管分别插入水和水银中。因为水的内聚力小于玻璃壁面的附着力,水润湿玻璃管壁面并沿壁面伸展,致使水面向上弯曲,表面张力把管内液面向上拉高 h,见图 1.19;而水银的内聚力大于玻璃壁面的附着力,所以不润湿玻璃内壁面,并沿内壁面收缩,致使水银面向下弯曲,表面张力把管内液面向下拉低 h',见图 1.20。这种在细管中液面上升或下降的现象称为毛细现象,而能发生毛细现象的细管子称为毛细管。

实验中测压管读数最易受毛细现象影响,管径越粗影响越小,但太粗又不利于安装和布置,流体实验室中测压玻璃管内直径一般为 8 mm,基本克服了毛细现象的影响(一般书中认为玻璃管径大于 10 mm 就可以忽略毛细现象)。但管内液面还是有不平现象,读数时,测单点水头要注意平视读取管内液面最低点,测压差时要读取液面最低点或取各测管液面对应一致的位置。

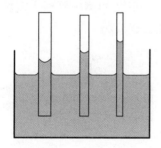

图 1.19　水的毛细现象

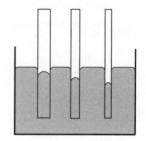

图 1.20　水银的毛细现象

三、不浸润和浸润

表面张力决定了液体和固体面接触时,会出现两种现象:不浸润和浸润。水银掉到玻璃上,呈现出球形,也就是说,水银与玻璃的接触面具有收缩趋势,这种现象称为不浸润。而水滴掉到玻璃上,是慢慢地沿玻璃散开,接触面有扩大趋势,这种现象称为浸润。水银虽然不能浸润玻璃,但是用稀硫酸把锌板擦干净后,再在板上滴水银,我们将会看到,水银慢慢地沿锌板散开,而不再呈球形。所以说,同一种液体能够浸润某些固体,而不能浸润另一些固体。水银能浸润锌,而不能浸润玻璃;水能浸润玻璃,而不能浸润石蜡。

浸润和不浸润两种现象,决定了液体与固体器壁接触处形成两种不同形状:凹形和凸形。硬币放入盛满水的水杯中的实验,硬币不沉没实际上利用了水具有很大的表面张力的性质和不浸润现象。我们事先把硬币表面涂上一层油,硬币就可以轻易放在水面上而不会沉没。在工程技术和日常生活中,人们经常利用水不溶解油这一特性,如在纸伞上涂油漆做成雨伞;给金属器材涂机油,防止因水引起生锈;选矿中,浮选矿法是把砸碎的矿石放到池中,池里放上水和只浸润有用矿物的油,使它们涂上薄薄一层油,再向池中输送空气,这样气泡就附在有用矿物粒上,把它们带到水面,而与岩石等杂质分离开。

第六节　流体压强的测量

一、液柱式测压管

在流体力学实验和水力学实验中,压强的测量是一项基本的测量技术,几乎贯穿实验全过程。液柱式测压管的基本原理是利用连通器原理,对同种静止流体深度相同的各点静压强进行测量。

测压管是一根直径不小于 10 mm 的玻璃管或其他材质透明硬管。现在有机玻璃制成的测压管也较常见。之所以要求标准测压管直径要大于 10 mm,是为了避免毛细现象引起的读数误差。压力是矢量,既有大小也有方向。对于静水压强,测点开口水平就可以了,对于管路上测点的安装与布置则有要求,因为管路内流体在流动。要测管内的静压力就要确保测点安装在该点的法线方向上,也就是作为安装测点的小细测管轴线和该点法线方向一致,从而确保了该测管读数不受速度分量影响,测得的压强值为有压管路或有压腔体内的静压力。图 1.21 中,测管分别安装在 A、B、C、D 四点的法线方向上,也就是垂直于该点的速度方向,这意味着动水头即速度引起的压力在该方向没有分量。

对于流场中某点的压力测量,可以将尺寸较小具有一定形状的测压管深入流场中,进行压力测量,视流场尺寸确定测压管尺寸和形状,尽量避免干扰流场。

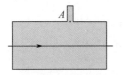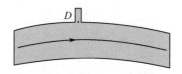

图 1.21　圆管测压点开孔方向为该点法线方向

测点压力值可以用压强单位表示或直接用水柱高表示。用水柱高度表达直观,可以直接读出。如图 1.22 中,在 $P_0 = 0$、$P_0 > 0$、$P_0 < 0$ 三种情况下,C 点的相对压力为不同高度的 H_C,用水柱表达 C 点压强就可以了,当然也可以用压强单位表达,即

$$P_C = \gamma H_C = \rho g H_C \qquad (1-7)$$

式中,γ 和 ρ 分别是水的重度和密度。

前边讲过 U 形管的概念,现在研究它作为测压管的应用,如图 1.23 所示。若利用 U 形管测量图 1.22 后边两种情形:

图 1.23(a)的情形下,C 点压力可以表达为

$$P_C = \rho g H_C + \rho g H \qquad (1-8)$$

图 1.23(b)的情形下,C 点压力可以表达为

$$P_C = \rho g H_C - \rho g H \qquad (1-9)$$

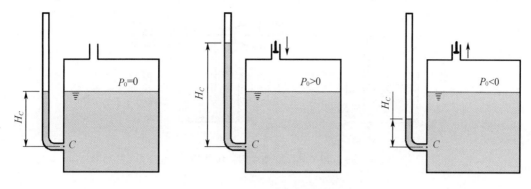

图 1.22　测压管测点的静水压强

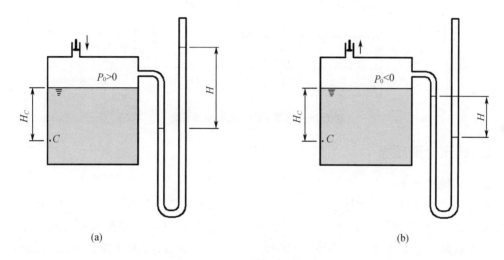

(a)

(b)

图 1.23　U 形管测压管的应用

如果 U 形管中介质为其他液体,式(1 – 8)、式(1 – 9)中 $\rho g H$ 的 ρ 也要随之更换。为了测较大压差,U 形管内介质一般选水银、四氯化碳等密度较大的液体;为了提高测量精度、测量较小压差或其他需要,一般选机油、酒精等密度较小的液体。这些介质和水相比都有局限性,水银不环保,外溢了不易于收集和处理;酒精、四氯化碳等易于挥发;机油容易污染桌面。所以使用时,都要严格按说明和注意事项操作。

图 1.24 是测压管测负压或真空度时的情况,如果测压管开口朝上,那么就会吸入大量空气,不仅测不到测点的压强,相反会影响系统稳定,图 1.24 测点的压强为($-\rho g h$)。这种情况也可以选用 U 形管来测量,参看图 1.23(b)。

为了测量更小压差,往往采用倾斜式测压管,见图 1.25,若 h 比较小,读数误差就会占比较大,为了消除这个影响,就采用倾斜测压管,读斜管水面刻尺读数 h',相对误差就小多了,如果 $\alpha = 30°$,则 $h' = 2h$,C 测点压强 P_C 为

$$P_C = \rho g h_0 + \rho g h = \rho g h_0 + \frac{1}{2} \rho g h' \qquad (1 – 10)$$

B 测点压强 P_B 为

$$P_B = \rho g h = \frac{1}{2} \rho g h' \qquad (1 – 11)$$

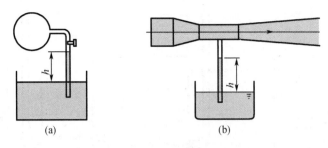

图 1.24　测压管测点的负压强测量

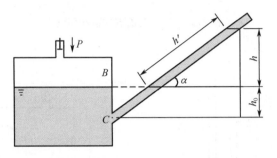

图 1.25　倾斜式测压管测量小压差

二、比压计测压板

1. 什么是比压计

比压计也称作比压计测压板,是将两根或两根以上的测压管并排放在一起,固定于一个板架上,顶部相连通并加小阀门。板架一般有个底座,底座可以使测压管直立于选取参考平面上或倾斜于参考面某一角度,其底板一般带水平泡,这有利于校正底座是否水平。对于选定的任一基准面来说,各管的液面差就是对应测点的测压管水头差。对于最高压力介于测压板玻璃测管高度以内的,各测管也可以开放于大气。如图 1.26 所示,测压管比压计的优点是结构简单、直观、精度和灵敏度较高,造价低廉。其缺点是水柱惯性较大,压强水面读数反应迟钝,只能用来测量时均压强,不能同步测量随机变化的压强。另外用水当介质时的压力测量范围较窄,若采用较大相对密度介质如水银等测量压头,一旦测管损坏或误操作致使水银外溢处理起来比较困难,且不环保,现已经很少采用。

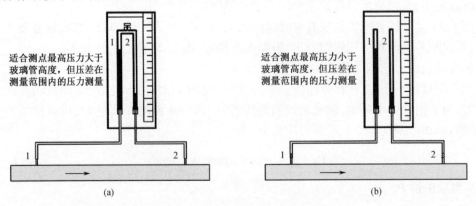

适合测点最高压力大于玻璃管高度,但压差在测量范围内的压力测量

适合测点最高压力小于玻璃管高度,但压差在测量范围内的压力测量

图 1.26　比压计测量管路两点压力差

2. 位置水头、压能水头、速度水头

因为点没有大小,也就是没有面积,严格讲无法用压强单位表达。用水柱高度来表达点的压力是非常恰当的,水柱的高度也叫水头。

(1)什么是位置水头?

位置水头是测点到参考轴的距离,测点在参考轴之上为正,测点在参考轴之下为负。一般用字母 Z_i 表示 i 点的位置水头。

(2)什么是压能水头?

压能水头是测点到测压管液面的距离,测点在测压管液面之下为正,测点在测压管液面之上为负。一般用 $\dfrac{P_i}{\rho g}$ 来表达 i 点的压能水头。

(3)什么是速度水头(动压水头)?

测点的速度水头为 $\dfrac{V_i^2}{2g}$,圆管截面的速度水头为 $\dfrac{V_a^2}{2g}$。其中 V_i 为该方向该点的速度,V_a 为所求截面的平均速度。

(4)什么是测压管水头,如何在比压计测压板上测量?

测压管水头用 H_{ipm} 来表达,则 $H_{ipm} = Z_i + \dfrac{P_i}{\rho g}$。 （1 - 12）

测压管水头数值就是参考线到测压管液面的距离,测管液面在参考线之上为正,反之为负。测量过程中就不用分清位置水头是多少,压能水头是多少了。一般就以比压计测压板测尺零为参考线,直接从刻度尺上读取的数值即是对应点的测压管水头。

(5)如何表达一点的总水头,一个截面的总水头?

一点的总水头也叫该点的总能量,由该点的位置水头、压能水头、速度水头三项构成,即

$$H_i = Z_i + \frac{P_i}{\rho_i g} + \frac{V_i^2}{2g}$$ （1 - 13）

一个截面的总水头也叫该截面的总能量,由该截面的位置水头、压能水头、速度水头三项构成,即

$$H_i = Z_i + \frac{P_i}{\rho_i g} + \frac{V_a^2}{2g}$$ （1 - 14）

很多流体力学实验书没有定义什么是测压管水头,在流体力学实验中这是一个很重要的概念。它是一个相对量,与参考轴位置选取有关。单一测点测压管水头值大小与参考线位置选取有关,但各测点测压管水头差却与参考线位置选取无关,所以用测压管水头也可以了解和比较各测点在系统内的势能分布情况。

以上这些概念在实验及数据处理过程中经常被用到,要用心领会,建议同学们对各参量物理意义及其正负号要画示意图理解。

为了加深对以上概念的理解,我们来判断一下图 1.27 比压计差 h_f 是否为对应两点 1—i 间的沿程损失。

先看一般情况下的推导,图 1.28 为求水平管沿程损失的示意图,对于均匀圆管来说,1 测点所在截面的总能量减去 i 测点所在截面的总能量就是 1—i 测点之间的全部能量损失,包括沿程损失和局部损失,并且只包含这两项,因为是均匀管,没有边界改变,所以没有局

部损失,即 1—i 之间的损失就是沿程损失。

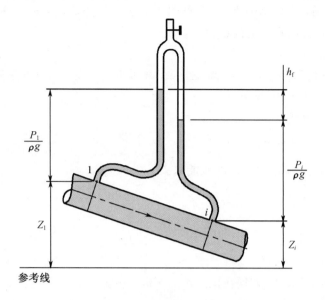

图 1.27　比压计测量管路两点压力差

图 1.28 中 1—i 截面的总水头为

$$H_i = Z_i + \frac{P_i}{\rho_i g} + \frac{V_i^2}{2g} \qquad (1-15)$$

式中　H_i——i 截面的总水头;

$\quad\quad Z_i$——i 点的位置水头;

$\quad\quad P_i$——i 点的压能;

$\quad\quad V_i$——i 点所在截面的平均流速;

$\quad\quad \rho$——流体的密度;

$\quad\quad g$——重力加速度。

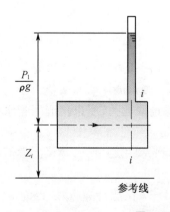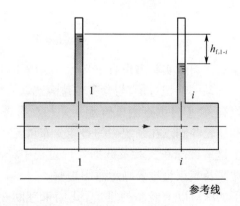

图 1.28　求水平管沿程损失示意图

那么 1—i 流段的沿程损失 $h_{f,1-i}$ 为

$$h_{f,1-i} = \left(Z_1 + \frac{P_1}{\rho_1 g} + \frac{V_1^2}{2g} \right) - \left(Z_i + \frac{P_i}{\rho_i g} + \frac{V_i^2}{2g} \right) \qquad (1-16)$$

因为是均匀管,所以 $V_1 = V_i$,则上式简化为

$$h_{f,1-i} = \left(Z_1 + \frac{P_1}{\rho_1 g} \right) - \left(Z_i + \frac{P_i}{\rho_i g} \right) = h_1 - h_2 = \Delta h \qquad (1-17)$$

可见沿程水头损失体现为压能水头的降低,在数值上为测点间的测压管水头之差。

现在回头看图 1.27,首先看 1 和 i 测点的性质,测点方向垂直于来流方向,没有速度分量,是测压管测点,根据位置水头、压能水头定义的位置水头、压能水头标注清楚正确,1 截面的总水头减去 i 截面的总水头就是 1—i 两点间的总能量损失,根据上边推导及均匀管速度水头相等,1—i 测点间的总的水头损失就是 1—i 两点间的沿程损失,同样等于两测点的测压管水头差,所以 h_f 就是 1—i 点间的沿程损失。以上推导表明,均匀管沿程损失与倾斜角度无关,概念清楚,才能判断准确。

3. 多管比压计测压板

为了测出更多的测点压力,或为了测量更大压差,人们往往采用多管比压计测压板。比如双管比压计最多可测量两点的压差,并且压差不能太大,否则比压计玻璃管就要更长,这将给比压计测压板稳定性和测读等操作都带来困难。图 1.29 为多管比压计测量管路多点压力示意图,图 1.30 为多管比压计测量文丘里管较大的压差。

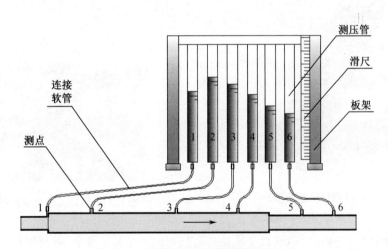

图 1.29　多管比压计测量管路多点压力

图 1.30 是多管比压计测量文丘里管入口和喉颈的压差,测管 1 ~ 4 的测压管水柱高度依次为 h_1、h_2、h_3、h_4,那么 i—j 测点间的压差为 $\Delta h = h_1 - h_2 + h_3 - h_4$。这里且不论证。

4. 倾斜式比压计

倾斜式比压计也叫斜管微压计,倾斜角度一般连续可调,也有固定几个角度的(见图 1.31 和图 1.32),比如 $20°$,$30°$,$45°$,$60°$。用来测量较小压差,双管的多见。若测量的压差 h 比较小,垂直测压管读数就会很小,误差就会很大。为了消除这个影响,可以采用倾斜式微压计,这样可以读斜管水面刻度尺读数 h',水柱高度大了,相对误差就小多了。如果倾斜微压计底角为 $30°$,则测读管高度是实际测压管高度的 2 倍。加之斜管微压计测压介质一般

选用重度为0.8左右的酒精或轻质机油,液柱高度也会比一般水柱高度大很多。斜管微压计因为测量压差比较小,测量前一定要调平底座,即底座水平泡居中。其方法是调整底座下面的三个调整螺栓、排净测压系统内气体,并进行校验。

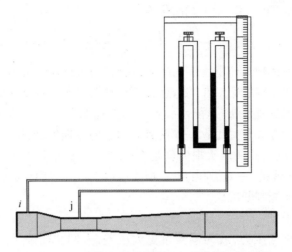

图1.30　　多管比压计测量文丘里管较大的压差

图1.31　　连续可调角度微压计

图1.32　　固定几个角度的微压计

当然其他比压计测压板也要校平底座,只是微压计测压差很小,有时很难分辨,所以特别强调一下。比如短距低速(层流)圆管沿程损失测量,用斜管微压计就会很准确,一般压差计就觉得压差太小,误差就相对大一些。还有普兰特毕托管测流速用的比压计测压板,该测速系统测速范围为0.2~2.0 m/s;速度低于0.5 m/s时,总压管和静压管的压差都很小,一般也用倾斜式的微压计,角度一般选用 $\alpha = 30°$;在流速很低时,测读精度也会提高很多,用普通比压计低速时误差很大或根本测不准。

三、压力表

压力表是指以弹性元件为敏感元件,测量并指示高于环境压力的仪表,应用极为普遍,它几乎遍及所有的工业流程和科研领域。在热力管网、油气传输、供水供气系统、车辆维修保养厂店等领域随处可见。尤其在工业过程控制与技术测量过程中,由于机械式压力表的弹性敏感元件具有很高的机械强度,生产方便等特性,使得机械式压力表得到越来越广泛的应用。

压力表的基本工作原理是弹性元件变形与压力成线性比例关系,有的加以用其他力学模型系统处理,通过标定转化为真实压力输出。其他力学模型包括将弹性元件变形通过杠杆输出放大或缩小以适应量程,或将弹性元件变形引导磁性体位移输出电信号等。

1. 压力表主要分类

(1)按测量精确度分类

可以分为一般压力表(见图1.33(a))、精度压力表(见图1.33(b))。

(2)按测量基准分类

可以分为一般压力表、绝对压力表和差压表。一般压力表以大气压力为测量基准;绝对压力表以绝对压力零位为基准;差压表测量两个被测目标物的压力之差。

(3)按测量范围分类

可以分为真空表、压力真空表、微压表、低压表、中压表及高压表。

真空表用于测量小于大气压力的压力值;压力真空表用于测量小于或大于大气压力的压力值;微压表用于测量小于60 000 Pa的压力值;低压表用于测量0~6 MPa压力值;中压表用于测量10~60 MPa压力值。

(4)按显示方式分类

可以分为指针压力表、数字压力表(见图1.33(c))。一般压力表、真空压力表、耐震压力表、不锈钢压力表等都属于就地指示型压力表,除指示压力外无其他控制功能。带电信号控制型压力表输出信号主要有开关信号(如电接点压力表)、电阻信号(如电阻远传压力表)、电流信号(如电感压力变送器、远传压力表、压力变送器等)。

(5)按测量介质特性不同分类

①一般型压力表一般型压力表用于测量无爆炸、不结晶、不凝固对铜和铜合金无腐蚀作用的液体、气体或蒸气的压力;

②耐腐蚀型压力表,耐腐蚀型压力表用于测量腐蚀性介质的压力,常用的有不锈钢型压力表、隔膜型压力表等;

③防爆型压力表防爆型压力表用在环境有爆炸性混合物的危险场所,如防爆电接点压力表,防爆变送器等;

④其他专用型压力表。

2. 压力表的压力说明

(1)正压与负压

一般以标准大气压为参考零点。以普通压力表为例,压力大于大气压,表显示为正压力,低于大气压显示为负压力。

(2)压力的表示方法

一种是以绝对真空作为基准零所表示的压力,称为绝对压力;另一种是以标准大气压力作为基准零所表示的压力,称为相对压力。由于大多数测压仪表所测得的压力都是相对压力,故相对压力也称表压力。当绝对压力小于大气压力时,可用容器内的绝对压力不足一个大气压的数值来表示,称为"真空度"。它们的关系为

$$绝对压力 = 大气压力 + 相对压力$$

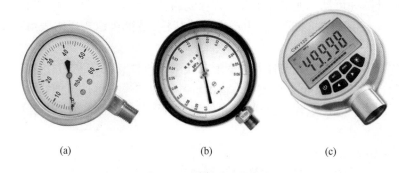

图 1.33 压力表示意图

(a)普通压力表;(b)精度压力表;(c)数字压力表

真空度 = 大气压力 - 绝对压力

压力单位为 Pa(N/㎡),称为帕斯卡,简称帕。由于此单位太小,因此常采用它的 10^6 倍单位 MPa(兆帕)来表示。

3. 选用原则

压力表的选用应根据使用工艺生产要求,针对具体情况做具体分析,在满足工艺要求的前提下,应本着节约的原则全面综合地考虑,一般应考虑以下几个方面的问题。

(1)类型的选用

仪表类型的选用必须满足工艺生产的要求。例如,是否需要远传、自动记录或报警;被测介质的性质,如被测介质的温度高低、黏度大小、腐蚀性、脏污程度、是否易燃易爆等,是否对仪表提出特殊要求;现场环境条件,如湿度、温度、磁场强度、振动等,对仪表类型的要求等。因此根据工艺要求正确地选用仪表类型是保证仪表正常工作及安全生产的重要前提。

(2)测量范围的确定

为了保证弹性元件能在弹性变形的安全范围内可靠地工作,在选择压力表量程时,必须根据被测压力的大小和压力变化的快慢,留有足够的余地,因此压力表的上限值应该高于工艺生产中可能的最大压力值。根据"化工自控设计技术规定",在测量稳定压力时,最大工作压力不应超过测量上限值的 2/3;测量脉动压力时,最大工作压力不应超过测量上限值的 1/2;测量高压时,最大工作压力不应超过测量上限值的 3/5;一般被测压力的最小值应不低于仪表测量上限值的 1/3。从而保证仪表的输出量与输入量之间的线性关系。

根据被测参数的最大值和最小值计算出仪表的上、下限后,不能以此数值直接作为仪表的测量范围。我们在选用仪表的标尺上限值时,应在国家规定的标准系列中选取。

(3)精度等级的选取

根据工艺生产允许的最大绝对误差和选定的仪表最程,计算出仪表允许的最大引用误差,在国家规定的精度等级中确定仪表的精度。一般来说,所选用的仪表越精密,测量结果越精确、可靠。但不能认为选用的仪表精度越高越好,因为越精密的仪表价格越贵,操作和维护越烦琐。

在流体力学中,我们并不严格区分压强与压力的概念,很多时候压力指的就是压强,压力往往也用压强的单位表示,需要具体情况具体分析。

4. 高程、标高和海拔高度

（1）高程

某点沿铅垂线方向到绝对基面的距离,称为绝对高程。我们平常所说的高程,一般是指绝对高程。而绝对基面,一般指以中国青岛附近黄海海平面作为标准的基准面。另外,某点沿铅垂线方向到某假定水准基面的距离,称为假定高程,一般不用。

（2）标高

表示建筑物某一部位相对于基准面的竖向高度称为标高。若以建筑物室内首层主要地面为基准面,则所得的标高为相对标高,我们平常所说的标高,一般指相对标高。

而绝对标高则以黄海海平面作为基准面,不常用。

（3）海拔高度

我国以青岛附近黄海海平面为基准面,作为海拔零点,某地与该基准面的垂直高度差就是海拔高度,也称绝对高度。

高程、标高和海拔高度意义相近,在某些方面甚至没有区别,所以使用时要特别注意。我们要把握住高程和海拔的"绝对"和标高的"相对",准确用词。

第七节 流速的测量

在流体力学实验中,流速是进行理论分析的出发点,也是验证理论的重要参量,因此如何正确地测定流场中的流速是十分重要的。根据流动的具体条件,我们采用不同的测量方法,常用的测量流速的方法有表面浮子法、浮粒子法、毕托管法及旋桨式流速仪法、激光测速法等,下面简单介绍一下基本概念。流速是矢量,既有大小又有方向,在本科流体力学基础实验中,往往测量给定方向的速度值,这点要注意。

一、圆管平均流速的测量方法

在某个固定的时间段内,将流经管道的水引入体积经过率定的容器中,用体积增加量除以对应时间即可得到单位时间内的流量。一般对应小流量,可以用水桶秒表方法测量。具体方法是打开阀门至某一开度,开始接水的同时按下秒表,接一定量的水后,水桶撤离接水口的同时按停秒表。用电子秤称出水的净重,以克为单位,常态下 1 g 水的体积是 1 cm^3,这样所测水的体积就可以算出来,再除以秒表上对应时间间隔,就可以得出流经管路的体积流量。接水(停止接水、按秒表)同步情况关乎测量精度。适当延长测量间隔可以提高测量精度。管路流量测定后,流量除以圆管横截面就是圆管内的平均流速。这也是学生基础实验最常用的圆管平均流速测量方法,计算公式为

$$\overline{V} = \frac{Q}{S} \tag{1-18}$$

式中 $\overline{V}$——圆管内的平均流速,m/s;

Q——圆管内的平均流量,m^3/s;

S——圆管的横截面积,m^2。

二、表面浮子法

将质量较轻的小纸片或小软木块、小泡沫塑料块、蜡块等放在水流中,其密度小于水,

可随水漂浮。如果每经过一定时间间隔,连续测记它们的位置或拍摄它们的轨迹,这样即可算出浮子所经过的测点的水流流速。

三、浮粒子法

测量水流内部各点的流速时,可在水中放入相对密度为 1.0 的带色小液滴(流速较慢时)或固体颗粒(流速较快时),然后从不同角度对水流进行摄影,再对底片进行分析计算,即可得出流场内的流速分布。对于浮粒子的选取,流速较慢时,可采用四氯化碳、氯苯、甲苯、二甲苯以及苯等适量混合后加入染色剂配制而成;流速较快时,可采用沥青加入适量松香、石蜡(粒子直径要小于 1 mm)加热混合制成。

四、毕托管法

毕托管是实验室内测量时均点流速常用的仪器,如图 1.34 所示。它于 1730 年由亨利·毕托(Henri Pitot)首创,后经 200 多年来各方面的改进,目前已有几十种形式。它的基本原理是依据平面势流理论,得出流速与压强的关系,通过测得的压强差,计算处理得出流速值。具体使用方法将在实验毕托管测速中详细讲述。

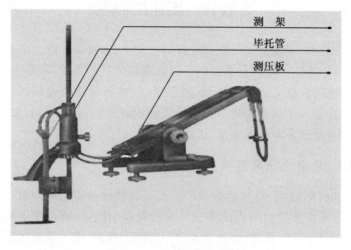

图 1.34 毕托管测流速系统

五、旋桨式流速仪法

如图 1.35 所示,旋桨式流速仪法有一组可旋转的叶片,受水流冲击后,叶片旋转的转数与水流流速有着固定的关系,设法测定叶片转数,即可求得所测转数。而根据测定转数的方式,旋桨式流速仪法分为电阻式、电感式和光电式三种。

六、激光测速法

激光测速法是以激光器发出的光为光源、以光学多普勒效应为原理的测量随流运动质点速度的方法。其最大优点是非接触测量,不扰动流场,并且测速范围大、频响快、空间分辨率高、测值精准,因此在高精度测量中广泛应用。

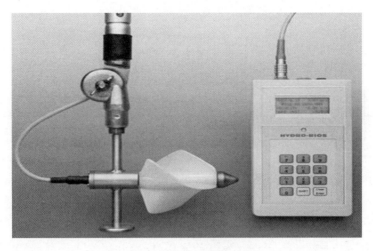

图 1.35　螺旋桨式数字流速仪

第八节　液体流量的测量

流体运行系统中,流量计是大量存在的,有的是用来测流量,有的是为了控制需要而布设。这里介绍的流量测量包括管路流量测量和开放式水渠流量测量。一般选用体积流量,以体积除以对应时间为单位。

一、管路流量测量

1. 直接测量法

如前所述,在某个固定的时间内,将流经管道或渠槽的水引入体积经过率定的容器中,用体积增加量除以时间即可得到单位时间内的流量。一般对应小流量,打开阀门至某一开度,开始接水的同时按下秒表,接一定量的水后,水桶撤离接水口的同时按停秒表。用电子秤称出水的净重(以克为单位),常态下 1 g 水的体积是 1 cm³,这样所测水的体积就可以算出来,再除以秒表上对应时间间隔,就可以得出体积流量。接水(停止接水、按秒表)同步情况关乎测量精度,适当延长测量间隔可以提高测量精度。这个方法目前在实验室用得较多,优点是简单灵活,缺点是精度低。

2. 文丘里流量计

文丘里流量计是经典的流量计,由于其原理清晰、压头损失小、测量范围广、精度高而备受推崇,广泛用于工农业各个方面。

文丘里管横截面为圆形,图 1.36 是文丘里管纵剖面示意图,不计 1,2 两点间的能量损失。列出 1,2 两点的能量方程和过 1,2 两点所在截面的连续性方程。入口处内直径为 d_1,较细部位叫喉颈,其内直径为 d_2,如图 1.36 所示,有

$$Z_1 + \frac{P_1}{\rho g} + \frac{V_1^2}{2g} = Z_2 + \frac{P_2}{\rho g} + \frac{V_2^2}{2g} \qquad (1-19)$$

$$A_1 V_1 = A_2 V_2 = Q' \qquad (1-20)$$

即

$$\frac{1}{4}\pi d_1^2 V_1 = \frac{1}{4}\pi d_2^2 V_2 \qquad (1-21)$$

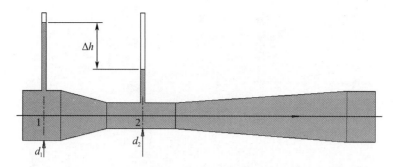

图 1.36　文丘里管剖面示意图

联立式(1 – 19)至式(1 – 21)并简化得到

$$Q' = \frac{\pi d_1^2}{4 \sqrt{(d_1/d_2)^4 - 1}} \sqrt{2g[(Z_1 + P_1/(\rho g)) - (Z_2 + P_2/(\rho g))]}$$

$$= K \sqrt{\Delta h}$$

$$K = \frac{\pi}{4} d_1^2 \sqrt{2g} / \sqrt{(d_1/d_2)^4 - 1}$$

$$\Delta h = \left(Z_1 + \frac{P_1}{\rho g}\right) - \left(Z_2 + \frac{P_2}{\rho g}\right) \tag{1 – 22}$$

式中,Δh 表示两测点间测压管水头之差。

实际上,由于1,2两点间流动阻力的存在,实际通过流量 Q 恒小于理论计算流量 Q'。今引入一无量纲系数 $\mu = Q/Q'$,μ 被称为流量系数,对计算所得的流量值进行修正。

实际工程产品都已经标定修正好了,根据仪表直接读出来的即是实际流量。图 1.37 中均压环的作用是取截面的平均压力,它在每个截面均取 4 个测点联通到均压环上,理论推导示意图里一般看不到测点。

3. 孔板流量计

如果在充满流体的管道中固定放置一个流通面积小于管道截面积的节流件,则管内流束在通过该节流件时就会造成局部收缩、流速增加、静压力降低,因此在节流件前后将产生一定的压差。实践证明,对于一定形状和尺寸的节流件,一定的测压位置和前后段直管段,在一

图 1.37　工业用文丘里管流量计

定的流体参数情况下,节流件前后的差压 Δp 与流量 Q 之间有一定的函数关系。因此,可以通过测量节流件前后的差压来测量流量。图 1.38 为孔板流量计原理图,孔板流量计也是工程上广泛使用的流量计之一。

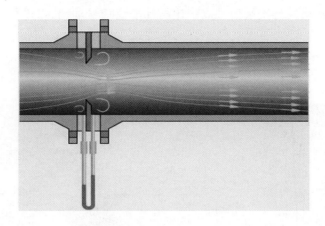

图1.38 孔板流量计原理

4. 浮子流量计

浮子流量计也是工程上最常见的流量计之一,常被称作转子流量计,与其他流量计不同的是用浮子作为流量感知元件,浮子不是固定的,而是浮动于被测流体中。

浮子流量计的结构及原理如图1.39所示。浮子流量计是一根垂直且向上扩大的圆锥透明玻璃管,管内放置由密度较大材料加工而成的浮子。当液流自下而上地流过浮子和圆锥形管之间的环形缝隙时,由于浮子的节流作用,在浮子的上下两边产生压力差,这个压力差使浮子受到向上作用力而沿管轴线上升。随着浮子上升,浮子和圆锥管之间的环形面积也随之加大,进而流经浮子侧面的液流速度也就降低了,浮子上下压力差也降低,浮子位置就会下降,直到浮子上下压力差和浮子所受重力相等时,浮子变稳定悬停于液流某一位置上。流量越大,浮子悬停位置越高,因此浮子所处平衡位置的高低可以作为流量测量的尺度。浮子流量计就是根据上述原理制作的。浮子在圆锥管平衡的位置可以在透明的玻璃管外面看到,结合玻璃管外面的刻度尺,就能确定出管内实际流量。由于管内流不一定是绝对恒定流,所以浮子平衡位置上下略微波动,读数可以取平均值。

5. 电磁流量计

(1)电磁流量计的概念

电磁流量计,简称EMF,是利用法拉第电磁感应定律制成的一种测量导电液体体积流量的仪表。20世纪50年代初电磁流量计实现了产业化应用,20世纪70年代后期广泛使用键控低频矩形波激磁方式,逐渐替换早期应用的工频交流激磁方式,仪表机能有了很大进步,得到更为广泛的应用。目前,大口径电磁流量计较多应用于给排水工程;中小口径常用于固液双相等难测流体或高要求场所,如测量造纸产业纸浆液和黑液、有色冶金业的矿浆、选煤厂的煤浆、化学产业的强侵蚀液以及钢铁产业高炉风口冷却水控制和监漏,长间隔管道煤的水力输送的流量测量和控制;小口径、微小口径电磁流量计则常用于医药产业、食物产业、生物工程等有卫生要求的场所。工业用电磁流量计如图1.40所示。

(2)原理与结构

在结构上,电磁流量计由电磁流量传感器和转换器两部分组成。传感器安装在工业过程管道上,它的作用是将流进管道内的液体体积流量值线性地变换成感生电势信号,并通过传输线将此信号送到转换器。转换器安装在离传感器不太远的地方,它将传感器送来的流量信号放大,并转换成与流量信号成正比的标准电信号输出,以进行显示,累积和调节控制。

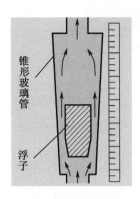

图 1.39 浮子流量计结构及原理示意图

锥形玻璃管

浮子

图 1.40 工业用电磁流量计

(3)电磁流量计的优点

电磁流量计的测量通道是一段无阻流检测件的光滑直管,因此不易梗阻,适合于测量含有固体颗粒或纤维的液固两相流体,如纸浆、煤水浆、矿浆、泥浆和污水等。

电磁流量计不产生因检测流量所形成的压力损失,仪表的阻力仅是统一长度管道的沿程阻力,节能效果明显,对于要求低阻力损失的大管径供水管道最为适合。电磁流量计所测得的体积流量,实际上不受流体密度、黏度、温度、压力和电导率(只要在某阈值以上)变化影响。与其他大部分流量仪表比拟,前置直管段要求较低。

测量范围大,通常为 20∶1 ~ 50∶1,可选流量范围宽。满度值液体流速可在 0.5 ~ 10 m/s 内选定。电磁流量计的口径范围比其他品种流量仪表宽,从几毫米到 3 米。可测正反双向流量,也可测脉动流量,只要脉动频率低于激磁频率很多。仪表输出本质上是线性的。易于选择与流体接触件的材料,可应用于侵蚀性流体。

(4)电磁流量计的缺点

电磁流量计不能测量电导率很低的液体,如石油制品和有机溶剂等。不能丈量气体、蒸气和含有较多较大气泡的液体。

通用型电磁流量计因为衬里材料和电气绝缘材料限制,不能用于测量 200 ℃ 以上高温液体;同时不能用于测量低于 50 ℃ 以下液体,因丈量管外凝露(或霜)而破坏绝缘。

6. 管路中其他流量计

包括喷嘴量水计、弯管量水计、涡轮流量计、毕托管流量计、楔形流量计和超声式流量计等。

二、明渠流量的测量

量水堰测流量是将量水堰板置于明渠水槽中,使水流在堰板处发生收缩,并在上游形成壅水现象,量测堰板上游某处的水头高度 H,利用该堰上水头与过堰流量 Q 之间的特定关系求得流量,其主要有三角薄壁堰量水法和矩形薄壁堰量水法。工程上有作为流量产品出售。安装时,堰板与水流轴线垂直,堰身中线与水流轴线重合,缘面倾角朝向下游。堰板水舌下通气必须充分,以免产生负压贴流等不稳定现象。薄壁堰有较好的精度,下面分别介绍。

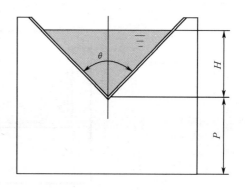

图 1.41　三角量水堰

1. 直角三角量水堰法

三角形堰是堰口形状为等腰三角形的薄壁堰,如图 1.41 所示。当明渠流量较小时,如果使用矩形堰或全宽堰测量流量,则上下游的液位差很小,这会使得测量误差增大,为了使测量结果更加准确可以使用三角量水堰法。大部分薄壁三角形堰是直角的。

如图 1.41 所示,三角量水堰是利用不同夹角缺口来量测较小流量的,其流量公式为

$$Q = 1.343 H^{2.47}, \begin{cases} H + P \geqslant 3H \\ b > 5H \\ H = 0.06 \sim 0.65 \text{ m} \end{cases} \qquad (1-23)$$

式中　Q——过堰流量,m^3/s;

　　　H——堰顶水头,为堰板上游$(3 \sim 5)H$处的堰上水头,m;

　　　b——上游渠道的宽度,m;

　　　P——堰板高度,m。

当测量更小的流量时,可采用堰口角度 θ 小于 $90°$ 的三角堰,使堰上水头不至于太小,以提高测量精度。应用渡边公式,其流量为

$$Q = C H^{\frac{5}{2}} \quad (\text{m}^3/\text{s}) \qquad (1-24)$$

其中　　　$C = 2.361 \tan \frac{\theta}{2} \left[0.553 + 0.019\,5 \tan \frac{\theta}{2} + \cot \frac{\theta}{2} \left(0.005 + \frac{0.001\,005}{H} \right) \right]$ 　$(1-25)$

对于 $\theta = 60°$

$$C = 1.363 \left(0.573\,0 + \frac{0.001\,055}{H} \right) \qquad (1-26)$$

对于 $\theta = 30°$

$$C = 0.632\,6 \left(0.576\,9 + \frac{0.00\,394}{H} \right) \qquad (1-27)$$

2. 矩形薄壁堰量水法

矩形薄壁堰也称为全宽堰,如图 1.42 所示。堰板过流宽度 b 与堰箱同宽。其流量公式为

$$Q = m_0 b \sqrt{2g} H^{\frac{3}{2}} \text{ m}^3/\text{s} \qquad (1-28)$$

式中　H——堰上水头;

　　　m_0——薄壁堰流量系数,需要通过率定实验来确定,不过,现已有不少经验公式可供选用。

如雷柏克系数公式为

$$m_0 = \frac{2}{3} \left(0.605 + \frac{0.001}{H} + 0.08 \frac{H}{P} \right) \qquad (1-29)$$

式中,P 为堰板高度;P 与 H 的单位均以米计。

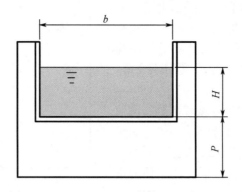

图 1.42　矩形量水堰

式(1 – 29)适用于 $H \geqslant 0.025$ m, $H/P \leqslant 2$, $P > 0.3$ 的情况。

第九节　温度的测量方法

温度是表示物体冷热程度的物理量,在流体力学实验测量及计算中要经常用到。用来量度物体温度数值的标尺叫温标,温标的国际单位为热力学温标开尔文,简称开,符号是 K,也叫开尔文温度。在国际上较常用的还有摄氏温标(℃)。热力学温度(T)和摄氏温度(t)之间的关系为

$$T = t + 273.15$$

一、摄氏温度定义

在标准大气压下冰水混合物的温度定为 0 ℃,沸水的温度定为 100 ℃,0 ℃ 和 100 ℃ 中间分为 100 等份,每等份代表 1 ℃。

温度用温度计测量,常用的温度计有膨胀式温度计、电阻式温度计和热偶式温度计。

二、膨胀式温度计

该温度计的测温是基于物体受热时产生膨胀的原理,可分为液体膨胀式(图 1.43)和固体膨胀式两种。我们最常用的双金属温度计(图 1.44)就属于固体膨胀式温度计。

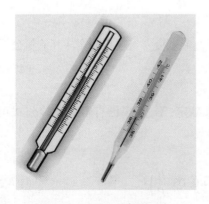

图 1.43　液体膨胀温度计

图 1.44　固体膨胀双金属温度计

三、电阻式温度计

电阻式温度计是利用电阻随温度变化的特性制成的温度计。电阻材料大多选用铂,所以其经常被称为铂电阻温度计。精密的铂电阻温度计是目前最精确的温度计,温度测量范围为 $-259.15 \sim 629.85$ ℃(14~903 K),其误差可低到万分之一摄氏度,它是能复现国际实用温标的基准温度计。我国还用一等和二等标准铂电阻温度计来传递温标,用它作标准来检定水银温度计和其他类型的温度计。电阻式温度计分为金属电阻温度计和半导体电阻温度计,都是根据电阻值随温度变化而变化这一特性制成的。金属温度计主要有用铂、金、铜、镍等纯金属的,以及铑铁、磷青铜合金的;半导体温度计主要用碳、锗等。电阻温度计使用方便可靠,已广泛应用,它的测量范围为 $-260 \sim 600$ ℃。

四、热偶式温度计

热偶式温度计由两种电子密度不同的导体构成闭合回路,如果两接头的温度不同,回路中就有电流产生,这种现象称为热电现象。相应的电动势称为温差电势或热电势,它与温度有一定的函数关系,利用此关系就可测量温度。利用热电偶把温度信号转换成热电动势信号,再通过电气仪表转换成被测介质的温度显示出来,如图 1.45 所示。

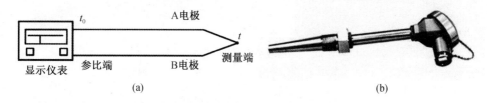

图 1.45　热电偶原理示意图及实物

(a)热电偶原理图;(b)热电偶实物图

五、数字温度计

数字温度计采用温度敏感元件也就是温度传感器,如铂电阻、热电偶、半导体、热敏电阻等,将温度的变化转换成电信号的变化,如电压和电流的变化。温度变化和电信号的变化有一定的关系,如线性关系、曲线关系等。这个电信号可以使用模—数转换的电路即A/D 转换电路将模拟信号转换为数字信号,数字信号再送给处理单元,如单片机或者 PC 机等,处理单元经过内部的软件计算将这个数字信号和温度联系起来,成为可以显示出来的温度数值。数字温度计目前在流体实验室测量中较常用。

图 1.46　数字温度计

顺便说一下流体实验中常用的酒精温度计的使用方法。图 1.47 中正确的使用方法是

B,其他都是错误的。温度计插入液体中适当深度,拿稳温度计,平视读出刻度值,不可从液体中拿出再读数,因为读数会随环境温度变化而随时变化,其与体温计不同。

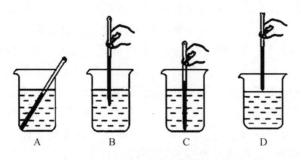

图 1.47   酒精温度计的正确使用方法

第二章 流体静力学实验

实验方案 A

一、实验目的和要求

1. 掌握用测压管测量流体静压强的技能；
2. 验证不可压缩流体静力学基本方程；
3. 通过对流体静力学现象的实验分析,进一步提高解决静力学实际问题的能力；
4. 测定油的相对密度；
5. 流体静力学实验装置图见图 2.1。

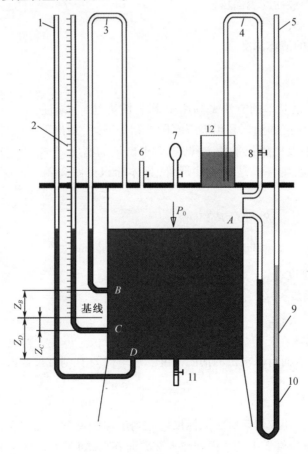

图 2.1 流体静力学实验装置图

1—测压管;2—带标尺测压管;3—连通管;4—真空测压管;5—U 形测压管;
6—通气阀;7—加压打气球;8—截止阀;9—油柱;10—水柱;11—减压放水阀;12—墨水杯

二、实验装置

1. 所有测管液面标高均以带标尺测压管零读数为基准。

2. 仪器铭牌所注∇_B、∇_C、∇_D系测点B、C、D标高;若同时取标尺零点作为静力学基本方程的参考线基准,则∇_B、∇_C、∇_D亦为Z_B、Z_C、Z_D。

3. 本仪器中所有阀门旋柄顺管轴线为开。

三、实验原理

1. 静力学方程

在重力作用下不可压缩流体静力学基本方程为

$$Z + \frac{P}{\rho g} = C \tag{2-2}$$

或

$$P = P_0 + \rho g h \tag{2-3}$$

式中　Z——被测点在基准面以上的位置高度;

　　　P——被测点的静水压强,用相对压强表示,以下同;

　　　P_0——水箱中液面的表面压强;

　　　ρ——液体密度;

　　　h——被测点的液体深度。

2. 油密度测量

(1)方法1

测油的密度ρ_0,最简单的方法是利用U形管的方法,一端注入水,一端注入要测密度的油。利用等压面压力相等原理,列出U形管等压面以上两端液柱压强平衡方程,进而求出油的密度。本实验可以打开通气阀,则件5是一个U形管,具体标识见图2.2,列出方程式,即

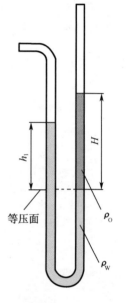

$$\rho_w g h_1 = \rho_0 g H$$

$$\rho_0 = \frac{h_1}{H} \rho_w \tag{2-4}$$

图2.2　测油密度

式中　ρ_w——水的密度;

　　　h_1——水柱高度;

　　　ρ_0——油的密度;

　　　H——油柱高度。

已知水的密度,进而可以求出油的密度。这里需要有刻度尺或游标卡尺。不用其他测尺的方法见方法2。

(2)方法2

不用其他测尺,只用仪器测管2的标尺也能测出油的密度。先用图2.1中加压打气球7打气加压使U形测压管5中的水面和油水交界面齐平,如图2.3所示,则有

$$P_{01} = \rho_w g h_1 = \rho_0 g H \tag{2-5}$$

再打开图2.1中减压放水阀11降压,使U形测压管5中的水面与油面齐平,如图2.4所示。

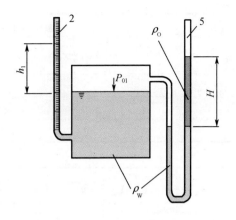

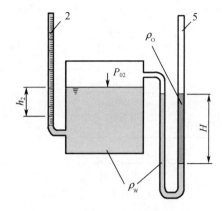

图 2.3　方法 2 实验图(1)　　　　　　　**图 2.4　方法 2 实验图(2)**

则有

$$P_{02} = -\rho_{\mathrm{W}}gh_2 = \rho_0 gH - \rho_{\mathrm{W}}gH \tag{2-6}$$

联立两式化简得到

$$\rho_0 = \frac{h_1}{h_1 + h_2}\rho_{\mathrm{W}} \tag{2-7}$$

四、实验方法与步骤

1. 清楚仪器组成及其用法

(1)各阀门的开关方法。

(2)加压方法。

关闭所有阀门(包括截止阀),然后用加压打气球充气。

(3)减压方法

关闭所有阀门,开启筒底减压放水阀 11 放水。

(4)检查仪器是否密封,加压后检查测管 1,2,5 液面高程是否恒定。若下降,表明漏气,应查明原因并加以处理。

2. 记录仪器序号以及各常数(记入表 2.1)

表 2.1　流体静力学实验数据测计表

实验条件	次序	水箱液面 ∇_0	测压管液面 ∇_H	压强水头				测压管水头	
				$\frac{P_A}{\rho g} = \nabla_H = \nabla_A$	$\frac{P_B}{\rho g} = \nabla_H = \nabla_B$	$\frac{P_C}{\rho g} = \nabla_H = \nabla_C$	$\frac{P_D}{\rho g} = \nabla_H = \nabla_D$	$Z_C + \frac{P_C}{\rho g}$	$Z_D + \frac{P_D}{\rho g}$
		10^{-2} m	10^{-2} m	10^{-2} m	10^{-2} m	10^{-2} m	10^{-2} m	10^{-2} m	10^{-2} m
$P_0 = 0$	1								
$P_0 > 0$	1								
	2								
		10^{-2} m	10^{-2} m	10^{-2} m	10^{-2} m	10^{-2} m	10^{-2} m	10^{-2} m	10^{-2} m

表 2.1(续)

实验条件	次序	水箱液面∇0	测压管液面∇H	压强水头				测压管水头	
				$\dfrac{P_A}{\rho g} = \nabla_H = \nabla_0$	$\dfrac{P_B}{\rho g} = \nabla_H = \nabla_B$	$\dfrac{P_C}{\rho g} = \nabla_H = \nabla_C$	$\dfrac{P_D}{\rho g} = \nabla_H = \nabla_D$	$Z_C + \dfrac{P_C}{\rho g}$	$Z_D + \dfrac{P_D}{\rho g}$
$P_0 < 0$	1								
有一次	2								
$P_B < 0$	3								

测量条件	次序	水箱液面∇H	测压管2液面∇H	$h_l = \nabla_H - \nabla_0$	$\overline{h_2}$	$h_2 = \nabla_0 - \nabla_H$	$\overline{h_2}$	$\dfrac{\rho_0}{\rho_w} = \dfrac{\overline{h_1}}{h_2 + \overline{h_2}}$
		10^{-2} m	10^{-2} m	10^{-2} m	10^{-2} m	10^{-2} m	10^{-2} m	
$P_0 > 0$,且 U 形管中水面与油水交界面与油水交界面齐平	1							
	2							
	3							
	2							
	3							

3. 量测点静压强

(1)打开通气阀 6(此时 $P_0 = 0$),记录水箱液面标高 ∇_0 和测管 2 液面标高 ∇_H(此时 $\nabla_0 = \nabla_H$)。

(2)关闭通气阀 6 及截止阀 8,加压使之形成 $P_0 > 0$,测计 2 次,分别测记 ∇_0 及 ∇_H。

(3)关闭通气阀 6 及截止阀 8,打开放水阀 11,形成 $P_0 < 0$(要求其中一次 $\dfrac{P_B}{\gamma} < 0$,即 $\nabla_H < \nabla_B$),测记 3 组 ∇_0 及 ∇_H。

4. 测深度

测出测压管 4 插入小水杯中的深度。

5. 用实验原理中方法 2 测定油密度 ρ_0(第一种方法略)

(1)开启通气阀 6,测记 ∇_0。

(2)关闭通气阀 6,打气加压($P_0 > 0$),微调放气螺母使 U 形管中水面与油水交界面齐平(图 2.3),测记 ∇_0 及 ∇_H(此过程反复进行 3 次)。

(3)打开通气阀,待液面稳定后,关闭所有阀门;然后开启减压放水阀 11 降压 $P_0 < 0$,使 U 形管中的水面与油面齐平(图 2.4),测记 ∇_0 及 ∇_H(此过程也要反复进行 3 次)。

五、实验成果及要求

1. 记录有关常数。

实验台号 No. _____。

各测点的标尺读数为 $\nabla_B =$ cm,$\nabla_C =$ cm   ,$\nabla_D =$ cm。

2. 分别求出各次测量时 A、B、C、D 点的压强,并选择一基准检验同一静止液体内的任意两点 C 和 D 的 $\left(Z + \dfrac{P}{\gamma}\right)$ 是否为常数。

3. 求出油的密度 $\rho_0 =$ 　　 kg/m³。

4. 测出测压管 4 插入小水杯水中深度 $\Delta h_4 =$ 　　 cm。

六、实验分析与讨论

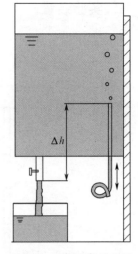

1. 同一静止液体内的测压管水头线是根什么线?

2. 当 $P_B < 0$ 时,试根据记录数据确定水箱内的真空区域。

3. 结合图 2.5 说明可调流量饮水机可调流量的原理(这是变液位下的恒定流的一个应用,液位水头变化是假象,恒定流一定是恒定水头作用的结果),指出决定恒定流大小的恒定水头是多少。

4. 分析指出图 2.6 下端开口式鱼缸的原理,利用课余时间做一个类似鱼缸,分析水不外溢的原因。

图 2.5　可调流量饮水机

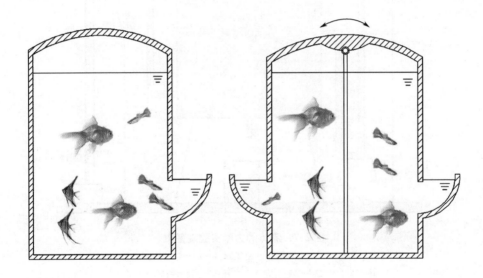

图 2.6　下端开口式鱼缸

实验方案 B

一、实验目的和要求

1. 掌握用测压管测量流体静压强的技能;

2. 验证不可压缩流体静力学基本方程;

3. 通过对诸多流体静力学现象的实验分析研讨,进一步提高解决静力学实际问题的能力。

二、实验装置

本实验的装置如图 2.7 所示。

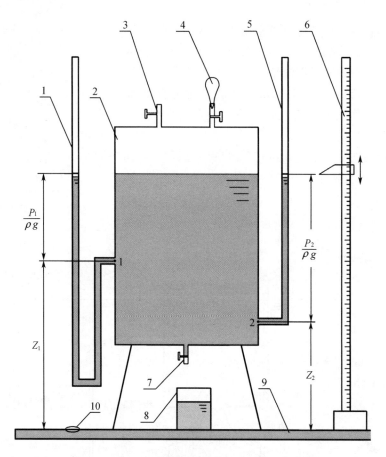

图 2.7　流体静力学实验装置图

1—测压管;2—主容器;3—通气阀;4—加压球;5—测压管;
6—高度测尺;7—放水阀;8—水杯;9—实验台;10—水准泡

三、实验原理

1. 与流体静力学相关的几个概念

(1)位置水头

测点到参考轴的距离。测点在参考轴之上为正,测点在参考轴之下为负。位置水头是一个相对量,与参考线位置选取有关,参考线一般选取水平线。空间点比较就选取水平面作为参照面。

(2)压能水头

测点到测压管液面的距离。测点在测压管液面之下为正,测点在测压管液面之上为负。测点压能水头可正、可负、可零,如图 2.8 所示。

(3)测压管水头

位置水头加压能水头就是测压管水头。测压管水头是流体力学实验中非常重要的概

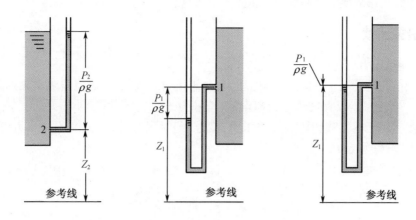

图 2.8　压能水头可正可负可零

念,它也是一个相对量,与参考线位置选取有关。

2. 流体静力学基本方程

同一静止流体内部任意一点的位置水头加压能使水头恒等于常数,有

$$Z + \frac{P}{\rho g} = C \qquad\qquad (2-8)$$

式中　Z——位置水头;

　　　P——压能水头;

　　　ρ——密度;

　　　g——加速度;

　　　C——常数。

四、实验方法与步骤

1. 调整实验平台底座调整螺栓,使平台上水平泡 10 中气泡居中,表明实验平台 9 水平。

2. 选择实验平台 9 台面为参考线,测定 1,2 点的位置水头,填入测计表格。

3. 打开通气阀 3,这时容器内压力为零,测定 1,2 点的压能水头填入表格。

4. 关闭通气阀 3,加压球 4 加压,压力达到预定值时关闭加压球上的截止阀,这时容器内压力大于零,加压 3 次,测定 1,2 点压能水头计入表格。

5. 关闭通气阀 3 和加压球截止阀,打开放水阀 7 放水,这时容器内压力小于零,测定两组数据填入表格。

五、实验数据

自己设计实验数据表格,统计并验证容器内压力等于 0、大于 0、小于 0 三种情况下静力学基本方程都成立。

六、实验分析与讨论

1. 同一静止液体内的测压管水头线是什么线?

2. 相对压强与绝对压强、相对压强与真空度之间有什么关系?

3. 测压管太细对测压管液面读数造成什么影响?

七、相关阅读

表压、绝对压力、真空度:

1. 表压指的是管道、有压腔体等的压力,是用压力表、U 形管等仪器测出来的压力,又叫相对压力。"表压力"以大气压力为起点零,符号为 P_g。

2. 直接作用于容器或物体表面的压力,称为"绝对压力"或绝压。绝对压力值以绝对真空作为起点零,符号为 P_{abs}。

绝对压力其实就是指表压加上当地大气压(一般加一标准大气压 101.3 kPa 即可),即

$$绝对压力 = 表压 + 一个标准大气压$$

3.
$$表压 = 绝对压力 - 大气压力$$

$$真空度 = 大气压力 - 绝对压力$$

以绝对真空为基准测得的压力为绝对压力,以大气压力为基准测得的压力为表压或真空度。

表压指的是系统上压力表的压力指示。也可以简单理解为,把一个压力表放在大气压下,这时压力表显示为零。接到被测点上,要是这个表压的压力上升,上升的数值就是表压。

绝对压力简单理解,就是大气压 + 表压。

第三章　伯努利能量方程实验

一、实验背景

1726 年,伯努利通过无数次实验,发现了"边界层表面效应":流体速度加快时,物体与流体接触的界面上的压力会减小,反之压力会增加。为纪念他的贡献,这一发现被称为"伯努利效应"。伯努利效应适用于包括气体在内的一切流体,是流体做稳定流动时的基本现象之一。这一现象反映出流体的压强与流速的关系,即在水流或气流里,如果速度大,压强就小;如果速度小,压强就大。1738 年,在他的最重要的著作《流体动力学》中,伯努利将这一理论公式化,提出了流体动力学的基本方程,后人称之为"伯努利方程"。书中还介绍了著名的伯努利实验、伯努利原理,用能量守恒定律解决了流体的流动问题,这对流体力学的发展起到了至关重要的推动作用。

伯努利简介

丹尼尔·伯努利(Daniel Bernouli,1700—1782),瑞士物理学家、数学家、医学家,被称为"流体力学之父",1700 年 2月 8 日生于荷兰格罗宁根,1782 年 3 月 17 日逝世于巴塞尔。他是伯努利这个数学家族(4 代 10 人)中最杰出的代表,16 岁时就在巴塞尔大学攻读哲学与逻辑,后获得哲学硕士学位;17 ~ 20 岁时,违背家长要他经商的愿望,坚持学医,并于 1721 年获医学硕士学位,成为外科名医并担任过解剖学教授。他在父兄熏陶下最后仍转到数理科学。伯努利在25 岁时应聘为圣彼得堡科学院的数学院士,8 年后回到瑞士的巴塞尔,先任解剖学教授,后任动力学教授,1750 年成为物理学教授。他还于 1747 年当选为柏林科学院院士,

1748 年当选为巴黎科学院院士,1750 年当选英国皇家学会会员。在 1725—1749 年间,伯努利曾十次荣获法国科学院的年度奖。除流体动力学这一主要领域外,丹尼尔·伯努利的研究领域极为广泛,他的工作几乎对当时的数学和物理学研究前沿问题都有所涉及。他最出色的工作是将微积分、微分方程应用到物理学,研究流体问题、物体振动和摆动问题,因此他被推崇为数学物理方法的奠基人。

二、实验目的和要求

1. 验证流体恒定总流的能量方程;

2. 通过对动水力学诸多水力现象的实验分析,进一步掌握有压管流中动水力学的能量转换特性;

3. 掌握流速、流量、压强等动水力学水力要素的实验量测技能。

三、实验装置

本实验的装置如图 3.1 所示。

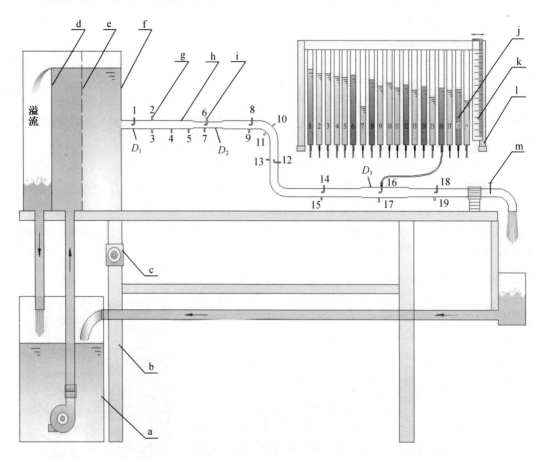

图 3.1　自循环伯努利能量方程实验装置图

a—自循环供水器;b—实验台;c—可控硅无级调速器;d—溢流板;e—稳水孔板;f—恒压水箱;g—测压计;
h—滑动测量尺;i—测压管;j—实验管道;k—测压点;l—毕托管;m—实验流量调节阀

　　伯努利能量方程实验装置主要由实验平台、实验管路系统和测压板三部分构成。第一部分,实验平台为管路系统提供溢流式恒定水头,由上游水箱、下游水箱、溢流板、实验台桌、回水管路、接水匣、水泵及开关等构成。第二部分,实验管路系统由三种不同管径圆管连接组成,材质为透明有机玻璃,直径分别为 D_1、D_2、D_3,连接处光顺过渡,D_1、D_2、D_3 标示于上游水箱正面。第三部分,测压板由支撑板架,19 根测管(编号依次 1~19)和滑尺组成。

　　1. 普通测压管测点布置

　　测压管测点(表 3.1 未标 ＊ 的测点),出口方向是这点的法线方向,不反映该点的速度分量,用以量测有压管道和有压腔体内的测压管水头。注 90°弯管的法线方向是 45°线。注意本实验中 10 和 11 测点就是这样的测压管测点,如图 3.2 所示。

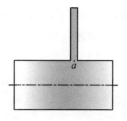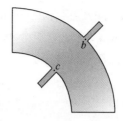

图 3.2　测压管测点

2. 毕托管测压管(表 3.1 中标 ＊ 的测压管)测点布置

它用以测读毕托管探头对准点的总水头 $H'\left(H'=Z+\dfrac{P}{\rho g}+\dfrac{V_p^2}{2g}\right)$，须注意一般情况下 H' 与

断面总水头 $H\left(H=Z+\dfrac{P}{\rho g}+\dfrac{V_m^2}{2g}\right)$ 不同(因一般 $V_p\ne V_m$)，它的水头线只能定性表示圆管总水头变化趋势。

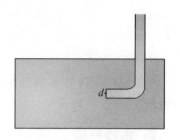

毕托管测点布置在圆管中心，开口正对来流方向，用来反映圆管中心点的总水头，本实验仪器实验管路中 1，6，8，12，14，16，18 测点为毕托管测点，如图 3.3 所示。流体力学实验所测参量并不多，最重要的是点的速度与压力。充分理解这两种测点，对做好本实验至关重要。实验管道由三种不同直径圆管连接组成，连接处光顺过渡，较细的圆管直径为 D_2，上面布置两个测点 6 和 7，较粗的圆管直径为 D_3，上边布置两个测点 16 和 17，其余测点都布置在管径为 D_1 的圆管上。D_1、D_2、D_3 每台仪器略有不同，其值标注于上游水箱正面。

图 3.3　毕托管测点

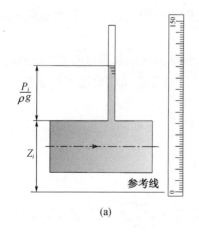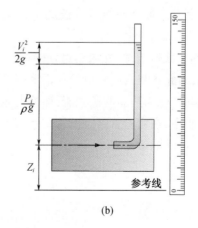

| (a) | (b) |

图 3.4　测压管和毕托管测量参量图

(a)测压管测点及测压管水头 $=Z_i+\dfrac{P_i}{\rho g}$；(b)毕托管测点及一点的总水头 $=Z_i+\dfrac{P_i}{\rho g}+\dfrac{V_i^2}{2g}$

3. 组合测点布置

毕托管测点和测压管测点组合在一个截面上,可以测量有压腔体或有压管道任意一点的总水头(总压力)和速度,就叫它组合测点,注意两测点在一个截面上,如图 3.5 所示。(同学们课后思考如何测该点的速度)

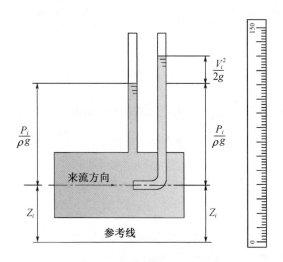

图 3.5　毕托管、测压管构成的组合测点

实验流量用阀门 m 调节,流量由体积时间法(量筒、秒表)、质量时间法(电子秤、秒表)或电测法测量(孔板流量计)。

四、实验原理

(1)流体在流动中具有三种机械能,即位能、动能和静压能。这三种能量是可以相互转换的,当管路条件改变时(如位置、高低、管径、流量大小),它们便发生能量转换。

(2)对于理想流体,因为不存在因摩擦而产生的机械能损失,因此在同一管路中的任何两个截面上的三种机械能尽管彼此不一定相等,但各截面上的这三种机械能的和总是相等的。

(3)对于实际流体,在流动过程中有一部分机械能因摩擦和碰撞而损失(不能恢复),转化为热能,因此各截面上的机械能总和是不相等的,两者之差就是流体在这两截面之间因摩擦和湍动转化为热能的机械能,即损失能量。

本实验中,在实验管路中沿管内水流方向取 n 个过水断面。可以列出进口断面(1)至另一断面(i)的能量方程式($i = 2, 3, \cdots, n$),即

$$Z_1 + \frac{P_1}{\rho g} + \frac{V_1^2}{2g} = Z_i + \frac{P_i}{\rho g} + \frac{V_i^2}{2g} + h_{\mathrm{W1-}i} \tag{3-1}$$

选好基准面,从已设置的各断面的测压管中读出 $Z + \dfrac{P}{\rho g}$ 值,测出通过管路的流量,即可

计算出某断面平均流速 V 及 $\dfrac{V^2}{2g}$,从而即可得到各断面测压管水头和总水头。

五、实验方法与步骤

1. 熟悉实验设备,分清哪些测管是普通测压管,哪些是毕托管测压管,以及两者功能的区别。

2. 打开电源开关,使水箱充水,待上游水箱溢流后,检查调节阀 m 关闭后所有测管水面是否齐平。如不平则需查明故障原因(如连通管受阻、漏气或夹气泡等)并加以排除,直至调平。

3. 打开阀 m,观察思考:

(1)测压管水头线和总水头线的变化趋势。

(2)位置水头、压强水头之间的相互关系。

(3)测点 2 和 3 的测管水头是否相同,为什么?

(4)测点 12 和 13 的测管水头是否不同,为什么?

(5)当流量增加或减少时测管水头如何变化?(参考图 3.6 进行思考)

4. 调节阀 m 开度,待流量稳定后,测记各测压管液面读数,同时测记实验流量。

5. 毕托管测点用来观察圆管中心点总水头沿程变化情况,不必测记读数。

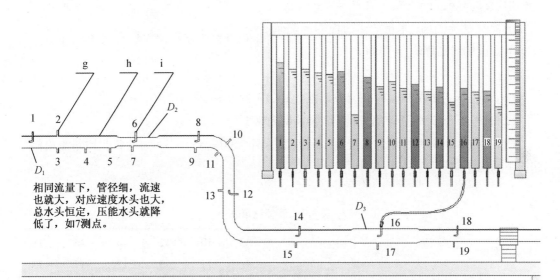

图 3.6 能量要素可以转换

6. 改变流量 2 次,重复上述测量。其中一次阀门开度大到使图 3.7 中 19 号测管液面接近标尺零点,注意用标尺能测到,不能测到的没有任何意义。

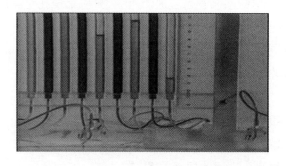

图 3.7 测管 19 在 0 线附近但可测到

六、实验成果及要求

1. 记录有关常数

实验装置台号 No. _____。

均匀段 $D_1 = $ cm;缩管段 $D_2 = $ cm;

扩管段 $D_3 = $ cm;水箱液面高程$\nabla_0 = $ cm;

上管道轴线高程$\nabla_z = $ cm。

注:

(1)测点 6,7 所在断面内径为 D_2;测点 16,17 为 D_3;其余均为 D_1。

(2)标"∗"者为毕托管测点(测点编号见表 3.1)。

(3)测点 2,3 为直管均匀流段同一断面上的两个测压点;10,11 为弯管非均匀流段同一断面上的两个测点。

表 3.1 管径记录表

测点编号	1*	2 3	4	5	6* 7	8* 9	10 11	12* 13	14* 15	16* 17	18* 19
管径/cm											
两点间距	4	4	6	6	4	13.5	6	10	29	16	16

2. 观察不同流速下,某一断面上水力要素变化规律

以测点 8,9 所在的断面为例,测管 9 的液面读数为该断面的测压管水头。测管 8 连通毕托管,显示测点的总水头。实验表明,流速越大,水头损失越大,水流流到该断面时的总水头越小,断面上的势能也越小。

3. 观察测压管水头线的变化规律

总变化规律:纵观所有测压点的测压管水位,可见沿流程有升也有降,表明测压管水头线沿流程可升也可降。

4. 量测并记录

量测 $\left(Z + \dfrac{P}{\rho g}\right)$ 并记入表3.2中。

表3.2　测记 $\left(Z + \dfrac{P}{\rho g}\right)$ 数值表(基准面选在标尺的零点上)　　　　　单位:cm

测点编号		2	3	4	5	7	9	10	11	13	15	17	19	Q /(cm³/s)
实验次序	1													
	2													
	3													

5. 计算并记录

计算各截面速度水头和总水头,记入表3.3中。

表3.3　计算截面流速水头和总水头

计算速度水头 $V^2/(2g)$

测次	流量 /(cm³/s)	管径 D_1 时截面积/cm²		管径 D_2 时截面积/cm²		管径 D_3 时截面积/cm²	
		平均流速 V_1 /(cm/s)	速度水头 $V_1^2/(2g)$ /cm	平均流速 V_2 /(cm/s)	速度水头 $V_2^2/(2g)$ /cm	平均流速 V_3 /(cm/s)	速度水头 $V_3^2/2g$ /(cm)
1							
2							
3							

计算总水头 $Z + \dfrac{P}{\rho g} + \dfrac{V^2}{2g}$　　　　　　　基准面选在标尺零点上,单位:cm

编号 测次	2	3	4	5	7	9	10	11	13	15	17	19	Q/(cm³/s)
1													
2													
3													

6. 绘制

绘制上述成果中最大流量下的总水头线 $E-E$ 和测压管水头线 $P-P$,轴向尺寸参见图 3.11 所示,总水头线和测压管水头线可以绘在图 3.11 上。

提示:

(1)$P-P$ 线依表 3.2 数据绘制,其中测点 10,11,13 数据不用;

(2)$E-E$ 线依表 3.3 数据绘制,其中测点 10,11 数据不用;

(3)在等直径管段 $E-E$ 与 $P-P$ 线平行。

思考:

10,11,13 测点为什么不用呢?

伯努利方程适用条件:恒定流(或渐变流),不可压缩流体,外力只有重力。

除了恒定流外,流线间夹角很小,流线的曲率半径很大的近乎平行直线的流动称为渐变流或缓变流;相反不符合上述条件的流动,例如经过弯管变径阀门等管件的流动,称为急变流。渐变流测点适合能量方程条件,急变流不符合。图 3.8 标注段为很多流体力学教科书标注的急变流和渐变流图,未标注段为恒定流或渐变流段,实际本实验中因测点 13 直管段短,实际流场也不很稳定。

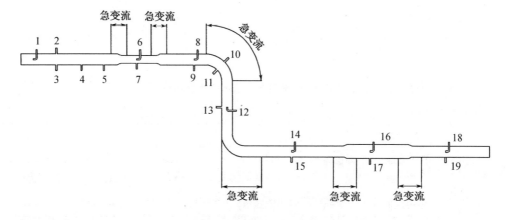

图 3.8　渐变流与急变流

各自循环供水实验仪均需注意,计量后的水必须小心倒回原实验装置的水斗内,以保持自循环供水。

七、实验成果分析及讨论

1. 测压管水头线和总水头线的变化趋势有何不同,为什么?

2. 流量增加,测压管水头线有何变化,为什么?

3. 由毕托管测量的总水头线与按实测断面平均流速绘制的总水头线一般都有差异,试分析其原因。

八、实验与生活

我们可以通过身边的小事来理解该实验原理。撕一片长纸条,对着纸条上方吹气,可以看到纸条飘起。空气也是流体,满足能量方程,在同一空间流场内,由于流速大的压强小,纸条上方的压强小于下方,纸条就在气压的作用下飘起。

九、相关阅读

1. 能量守恒定律

能量既不会凭空产生,也不会凭空消失,它只能从一种形式转化为另一种形式,或者从一个物体转移到另一个物体,在转化或转移的过程中,能量的总量不变,这就是能量守恒定律,如今被人们普遍认同。

能量守恒不仅仅是自然科学的概念,同时也是哲学概念,对于分析实验现象和规律有重要的指导意义。

2. 高程(标高)(elevation)

地面上的点到高度起算面的垂直距离,指的是某点沿铅垂线方向到绝对基面的距离,称绝对高程;简称高程。

衡量地形、河水和建筑物高低需要一个基准面作为参照,由于静水水面始终平准,往往用作确定高程的基准,称作水准高程。通常选择特定地点的近海的静水面作为水准原点,称作海拔高程。

本实验中高程概念是指相对于系统内同一参考基线的高度。

3. 管流中点的压能水头定义

在建筑施工工地,经常会看到路面水管因磨损等原因破漏而向外喷水,表明管内有压力。我们在破损点接一根玻璃管,水管内的压力就会使玻璃管内水柱升高到一定高度,测点到玻璃管内水面的垂直距离就是测点(破口点)的压能水头,如图3.9所示。另外一种现象似乎没有向外喷水那样引人注意,就是管内压力低于管外压力,导致破口点进气泡,此时这点压力为负,破口点既不喷水也不吸气,这点压力为零,所以压能水头可正、可负,也可以为零。测点负压能水头如何测量留给同学们自己思考。

4. L形毕托管用于测量管道内的点流速与总水头,原理见第四章毕托管测流速。为减小对流场的干扰,本章装置中的L形毕托管采用直径为 $\phi 1.6\ mm \times 1.2\ mm$(外径×内径)。实验表明只要开孔的切平面与来流方向垂直,L形毕托管的弯角从90°~180°均不影响测流速精度,如图3.10所示。

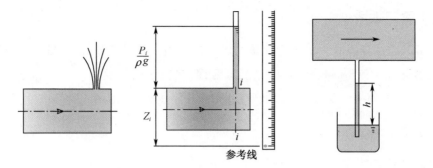

图 3.9　管流中的点的压能水头

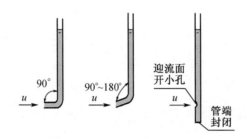

图 3.10　L 形管毕托管类型

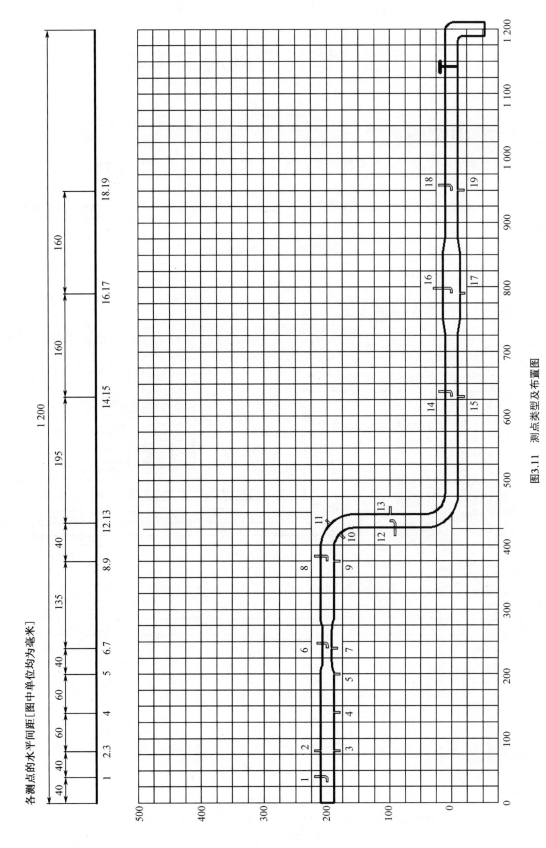

图3.11　测点类型及布置图

第四章 毕托管测流速实验

一、实验目的和要求

1. 通过对管嘴淹没出流体点流速及点流速系数的测量,掌握用毕托管测量点流速的技能;

2. 了解普朗特型毕托管的构造和适用性,进一步明确传统流体力学量测仪器的现实作用;

3. 学会制作简易毕托管用于管路点的压力与速度测量。

二、实验装置

本实验的装置如图 4.1 所示。

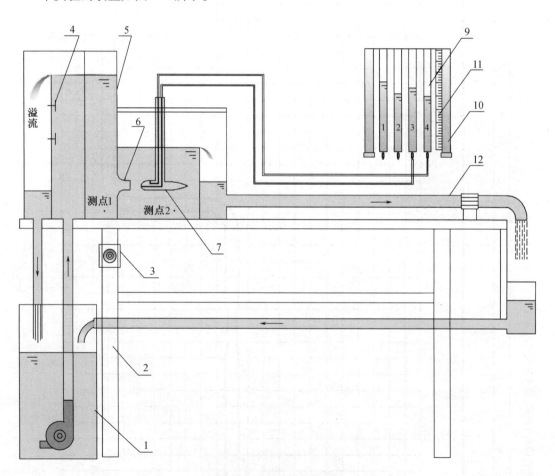

图 4.1 毕托管实验装置图

1—自循环供水器;2—实验台;3—可控硅无级调速器;4—水位调节阀;5—恒压水箱;6—管嘴;

7—毕托管;9—测压管;10—测压计;11—滑动测量尺(滑尺);12—上回水管

经淹没管嘴 6,将高低水箱水位差的位能转换成动能,并用毕托管测出其点流速值。测压计 10 的测压管 1 和 2 用以测量上下游水箱液面高程,测压管 3 和 4 用以测量毕托管的全压水头和静压水头,水位调节阀 4 用以改变测点的流速大小。本书所述毕托管均指普朗特毕托管(图 4.2)。在这里只测速度值大小。

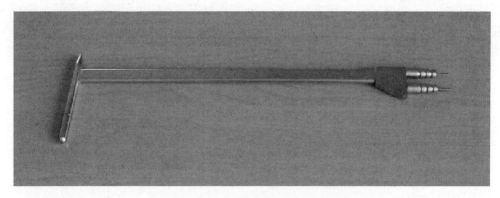

图 4.2 实验室用测流体点速度的毕托管

三、实验原理

图 4.3 所示直角弯管就是最初的毕托管,它测速的原理推导如下。

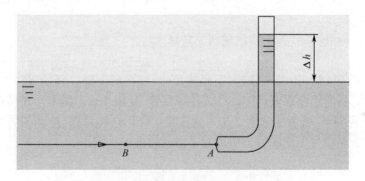

图 4.3 毕托管测速原理示意图

$$Z_B + \frac{P_B}{\rho g} + \frac{V_B^2}{\rho g} = Z_A + \frac{P_A}{\rho g} + \frac{V_A^2}{\rho g} \qquad (4-1)$$

选择 A 和 B 的连线为参考线,则

$$Z_B = Z_A = 0,\text{驻点流速 } V_A = 0$$

简化后得

$$V_B = \sqrt{2g(P_A - P_B)/\rho g} = \sqrt{2g \Delta h} \qquad (4-2)$$

式中 Z_A, Z_B——A、B 两点的位置水头;

       P_A, P_B——A、B 两点的压能;

       V_A, V_B——A、B 两点流线方向速度;

       ρ, g——水的密度和加速度;

       Δh——A、B 两点的压能水头差。

$$V = c \sqrt{2g\Delta h} = K \sqrt{\Delta h} \qquad\qquad (4-3)$$

$$K = c \sqrt{2g} \qquad\qquad (4-4)$$

式中　V——毕托管测点处的点流速；

　　　c——毕托管的校正系数；

　　　Δh——毕托管动压水压头与静水压头差。

而

$$V' = \varphi' \sqrt{2g\Delta H} \qquad\qquad (4-5)$$

联解式(4-2)和式(4-4)可得

$$\varphi' = c \sqrt{\Delta h / \Delta H} \qquad\qquad (4-6)$$

式中　V'——测点处流速,由毕托管测定；

　　　φ'——测点流速系数；

　　　ΔH——管嘴的作用水头。

四、实验方法与步骤

1. 准备

(1)熟悉实验装置各部分名称、作用性能,搞清构造特征、实验原理。

(2)用医塑管将上、下游水箱的测点分别与测压计中的测管1和2相连2通。

(3)将毕托管对准管嘴,距离管嘴出口处为2~3 cm,上紧固定螺丝,注意力度适当,以免损坏固定夹。

2. 开启水泵

顺时针打开调速器开关3将流量调节到最大。

3. 排气

待上、下游溢流后,用吸气球(如医用洗耳球)放在测压管口部抽吸,排除毕托管及各连通管中的气体,然后用静水匣(图4.4)罩住毕托管,见图4.5。如图4.6所示可检查测压管2,3,4液面是否齐平,若齐平表明2,3,4测压管中气体已经排净,液面不齐平可能是空气没有排尽,必须重新排气。测压管1应该和上游水箱液面齐平。

图4.4　静水匣

图 4.5　静水匣罩住毕托管

4. 测记有关常数和实验参数

测记各个有关常数和实验参数,填入实验表格。

5. 改变流速

操作调节阀 4 并相应调节调速器 3,使溢流量适中,共可获得三个不同恒定水位与相应的不同流速。改变流速后,按上述方法重复测量。

6. 完成下述实验项目

(1)分别沿垂向和沿流向改变测点的位置,观察管嘴淹没射流的流速分布。

(2)在有压管道测量中,管道直径相对毕托管的直径在 6~10 倍以内时,误差在 2%~5% 以上,不宜使用。试将毕托管头部伸入到管嘴中,予以验证。

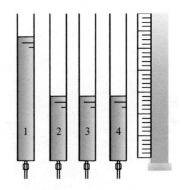

图 4.6　测压管 2,3,4 齐平

7. 检查

实验结束时,按上述 3 的方法检查毕托管比压计是否齐平。

五、实验成果及要求

实验装置台号 No. _____。

将测量值记入表 4.1。

<table>
<tr><td colspan="7" align="center">表 4.1　记录计算表</td><td colspan="2" align="center">校正系数 $c =$</td></tr>
<tr><td rowspan="2">实验
次序</td><td colspan="3" align="center">上、下游水位差
/cm</td><td colspan="3" align="center">毕托管水头差
/cm</td><td align="center">测点流速
$V = K\sqrt{\Delta h}$
/(cm/s)</td><td align="center">测点流速系数
$\varphi' = c\sqrt{\Delta h/\Delta H}$</td></tr>
<tr><td>h_1</td><td>h_2</td><td>ΔH</td><td>h_3</td><td>h_4</td><td>Δh</td><td></td><td></td></tr>
<tr><td></td><td></td><td></td><td></td><td></td><td></td><td></td><td></td><td></td></tr>
<tr><td></td><td></td><td></td><td></td><td></td><td></td><td></td><td></td><td></td></tr>
<tr><td></td><td></td><td></td><td></td><td></td><td></td><td></td><td></td><td></td></tr>
</table>

六、实验分析与讨论

1. 利用测压管测量点压强时,为什么要排气? 怎样检验排净与否?

2. 分析实验流程中能量转换关系,毕托管的压头差 Δh 和管嘴上、下游水位差 ΔH 之间的大小关系怎样,为什么?

3. 普朗特毕托管的测速范围为 $0.2 \sim 3 \text{ m/s}$,流速过小或过大都不宜采用,为什么? 另外,测速时要求探头对正水流方向(轴向安装偏差不大于 $10°$),试说明其原因(低流速可用倾斜压差计)。

4. 为什么在光、声、电技术高度发展的今天,仍然常用毕托管这一传统的流体测速仪器?

5. 课外自己制作野外便携式流速计。

6. 如图 4.7 所示,实验室工作中,毕托管测压计往往用倾斜式的,为什么?

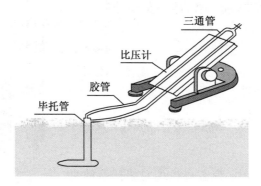

图 4.7　实验室使用倾斜式测压计

八、相关阅读

1. 实验知识拓展

毕托管测速及其应用实验是流体力学中最重要的实验之一,毕托管广泛应用于科研工业、国防军工等各行各业,本书介绍科研工作中最常见的两种应用。

(1)有压管流流场中点速度和压力的测量

有压管流或有压腔体内部(如发动机燃烧室)一些关键点的压力和速度是设计者非常关心的,或者是对设计关键点位需要达到指标的检验,流体力学实验测量的指标并不多,最主要的就是点的速度和压力的测量。实验原理见图 4.8,计算公式可自行推导。

(2)流场中不规则物体表面点压力测量

流场中不规则形状物体部分点的压力测量,理论计算往往很困难,但利用毕托管实验测定就很方便,实验原理示意图见图 4.9,同学们自己写出流速度为 u 时 N 点的方向压力公式。

2. 传感器的概念

传感器(transducer/sensor)是一种检测装置,能感受到被测量的信息,并能将检测感受到的信息,按一定规律变换成为电信号或其他所需形式的信息输出,以满足信息的传输、处理、存储、显示、记录和控制等要求。它是实现自动检测和自动控制的首要环节。

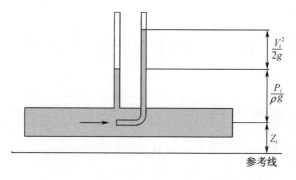

图 4.8　有压管流流场中点速度和压力测量

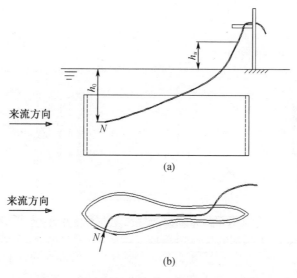

图 4.9　流场中不规则物体表面点压力测量
(a)侧视图;(b)俯视图

国家标准 GB 7665—1987 对传感器下的定义为能感受规定的被测量件并按照一定的规律(数学函数法则)转换成可用信号的器件或装置,通常由敏感元件和转换元件组成。

在新韦式大词典中传感器定义为"从一个系统接受功率,通常以另一种形式将功率送到第二个系统中的器件"。根据这个定义,传感器的作用是将一种能量转换成另一种能量形式,所以不少学者也用"换能器(transducer)"来称谓"传感器"。

传感器早已渗透到诸如工业生产、宇宙开发、海洋探测、环境保护、资源调查、医学诊断、生物工程,甚至文物保护等极其广泛的领域。可以毫不夸张地说,从茫茫的太空,到浩瀚的海洋,以至各种复杂的工程系统,几乎每一个现代化项目都离不开各种各样的传感器。

流体力学实验中最常见的传感器是压力传感器、速度传感器、流量传感器、温度传感器等,毕托管就是很好的速度传感器,现代科研实验离开传感器几乎是不可想象的,建议学生上网搜索"传感器"了解更多关于传感器的知识,利于开拓实验知识技能视野。

第五章　文丘里流量计实验

一、实验目的要求

1. 通过测量流量系数,掌握文丘里流量计测量管道流量的技术和应用气－水多管压差计测量压差的技术;

2. 通过实验与量纲分析,了解应用量纲分析与实验结合研究水力学问题的途径,进而掌握文丘里流量计的水力特征。

二、实验装置

本实验的装置如图5.1所示。

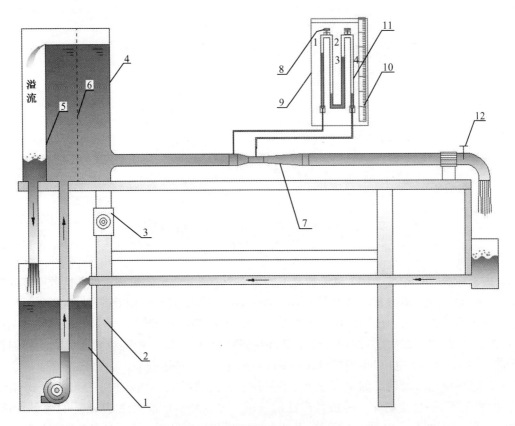

图5.1　文丘里流量计实验装置图

1—自循环供水器;2—实验台;3—可控硅无级调速器;4—恒压水箱;5—溢流板;6—稳水孔板;
7—文丘里实验管段;8—测压计气阀;9—测压计;10—滑尺;11—多管压差计;12—实验流量调节阀

在文丘里流量计的两个测量断面上,每个截面分别有 4 个测压孔与相应的均压环连通,经均压环均压后的断面压强由气 – 水多管压差计 9 测量(亦可用电测仪量测)。

三、实验原理

文丘里管横截面为圆形,图 5.2 是文丘里管纵剖面示意图,不计 1,2 两点间的能量损失。列出 1,2 两点的能量方程和过 1,2 两点所在截面的连续性方程。入口处内直径为 d_1,较细部位叫喉颈,其内直径为 d_2。

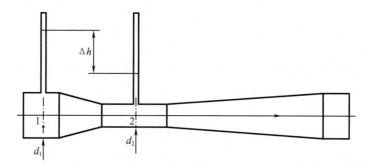

图 5.2 文丘里管剖面示意图

$$Z_1 + \frac{P_1}{\rho g} + \frac{V_1^2}{2g} = Z_2 + \frac{P_2}{\rho g} + \frac{V_2^2}{2g} \tag{5-1}$$

$$A_1 V_1 = A_2 V_2 = Q' \tag{5-2}$$

即

$$\frac{1}{4}\pi d_1^2 V_1 = \frac{1}{4}\pi d_2^2 V_2 \tag{5-3}$$

联立上边三式并简化得到

$$Q' = \frac{\pi d_1^2}{4\sqrt{(d_1/d_2)^4 - 1}} \sqrt{2g\left[(Z_1 + P_1/(\rho g)) - (Z_2 + P_2/(\rho g))\right]}$$

$$= K\sqrt{\Delta h}$$

$$K = \frac{\pi}{4}d_1^2 \sqrt{2g} / \sqrt{(d_1/d_2)^4 - 1}$$

$$\Delta h = \left(Z_1 + \frac{P_1}{\rho g}\right) - \left(Z_2 + \frac{P_2}{\rho g}\right) \tag{5-4}$$

式中 A_1 和 A_2——1,2 测点所在截面的横截面积;

V_1 和 V_2——1,2 测点所在截面的平均流速;

d_1——测点 1 处直径,也叫入口直径;

d_2——测点 2 处直径,也叫喉颈处直径;

Δh——两测点间测压管水头之差。

实际上,由于 1,2 两点间流动阻力的存在,通过的实际流量 Q 恒小于理论计算 Q'。今引入一无量纲系数 $\mu = Q/Q'$,μ 被称为流量系数,对计算所得的流量值进行修正,即

$$Q = \mu Q' = \mu K \sqrt{\Delta h} \tag{5-5}$$

另外,由水静力学基本方程可得气 – 水多管压差计的 Δh 为

$$\Delta h = h_1 - h_2 + h_3 - h_4 \tag{5-6}$$

四、实验方法与步骤

1. 测记各有关常数。

2. 打开电源开关,全关阀 12,检核测管液面读数 $h_1 - h_2 + h_3 - h_4$ 是否为 0? 不为 0 时,需查出原因并予以排除。

3. 全开调节阀 12 检查各测管液面是否都处在滑尺读数范围内,否则,按下列程序调节:拧开气阀 8 将清水注入测管 2,3,待 $h_2 = h_3 \approx 24$ cm,打开电源开关充水,待连通管无气泡,渐关阀 12,并调开关 3 至 $h_1 = h_2 \approx 28.5$ cm,即速拧紧气阀 8。

4. 全开调节阀门,待水流稳定后,读取各测压管的液面读数 h_1、h_2、h_3、h_4,并用秒表、量筒测定流量或重量法再换算成体积流量。

5. 逐次关小调节阀,改变流量 7 ~ 9 次,重复步骤 4,注意调节阀门时应缓慢。

6. 把测量值记录在实验表 5.1 内,并进行有关计算。

7. 如测管内液面波动时,应取时均值。

8. 实验结束,需按步骤 2 校核压差计 9 是否回零。

五、实验成果及要求

1. 记录有关常数。实验装置台号 No. _____。$d_1 =$ cm,$d_2 =$ cm,水温 $t =$ ℃,$v =$ cm²/s,水箱液面标尺值$\nabla_0 =$ cm,管轴线高程标尺值$\nabla =$ cm。

2. 整理纪录、计算表(见表 5.1、表 5.2)。

表 5.1　记录表

次序	测压管读数/cm				水量 /cm³	测量时间 /s
	h_1	h_2	h_3	h_4		
1						
2						
3						
4						
5						
6						
7						
8						
9						

表 5.2　计算表 $K =$ 　　 $cm^{2.5}/s$

次序	Q /(cm³/s)	$\Delta h = (h_1 - h_2 + h_3 - h_4)$ /cm	Re	$Q' = (K\sqrt{\Delta h})$ /(cm³/s)	$\mu = \dfrac{Q}{Q'}$
1					
2					
3					
4					
5					
6					
7					
8					
9					

3. 用方格纸绘制 $Q - \Delta h$ 与 $Re - \mu$ 曲线图,分别取 Δh、μ 为纵坐标。

六、实验分析与讨论

1. 本实验中,影响文丘里管流量系数大小的因素有哪些,其中哪些因素最敏感? 对于本实验的管道而言,若因加工精度影响,误将 $(d_2 - 0.01)$ cm 值取代上述 d_2 值时,本实验在最大流量下的 μ 值将变为多少?

2. 为什么计算流量 Q' 与实际流量 Q 不相等?

3. 图 5.3 中给出了几件工程用文丘里流量计实物,仔细观察,指出喉颈部位、入水口直径位置、水流方向。指出均压环位置,并分析其作用。

图 5.3　工程用文丘里流量计

4. 图 5.4 所示为简易便携洗澡器组件,造价低廉,适合旅行携带和学生集体公寓等,它是利用文丘里管压力突变产生负压原理工作的。查互联网详细分析其工作原理和运行流程。

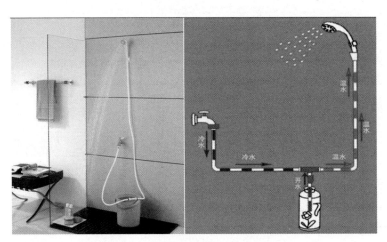

图 5.4　便携淋浴器原理及实物照片

七、相关阅读

标定(也称率定)的基本含义:使用标准的计量仪器对所使用仪器的准确度(精度)进行检测是否符合标准,一般大多用于精密度较高的仪器。其主要作用如下:

(1)确定仪器或测量系统的输入 – 输出关系,赋予仪器或测量系统分度值;

(2)确定仪器或测量系统的静态特性指标;

(3)消除系统误差,改善仪器或系统的正确度;

(4)在科学测量中,标定是一个不容忽视的重要步骤。

工程用文丘里管流量计在使用前需要标定。

第六章 动量定理实验

一、实验目的和要求

1. 验证不可压缩流体恒定流的动量方程；

2. 通过对动量与流速、流量、出射角度、动量矩等因素间相关性的分析研讨，进一步掌握流体动力学的动量守恒定理；

3. 了解活塞式动量定理实验仪原理、构造，进一步启发与培养创造性思维的能力。

二、实验装置

动量定理实验装置如图6.1所示。

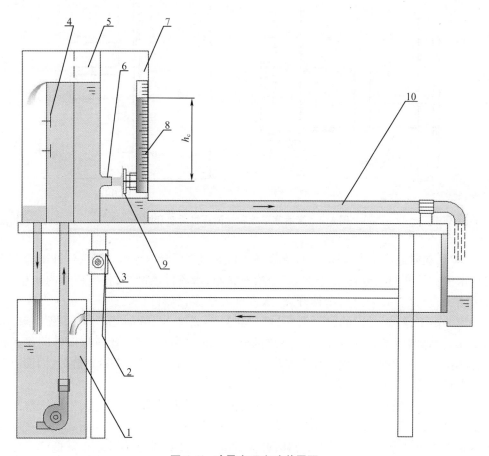

图6.1 动量定理实验装置图

1—自循环供水器；2—实验台；3—可控硅无级调速器；4—水位调节阀；5—恒压水箱；
6—管嘴；7—集水箱；8—带活塞的测压管；9—带活塞和翼片的抗冲平板；10—上回水管

自循环供水器 1 由离心式水泵和蓄水箱组合而成。水泵的开启、流量大小的调节均由调速器 3 控制。水流经供水管供给恒压水箱 5,溢流水经回水管流回蓄水箱。流经管嘴 6 的水流形成射流,冲击带活塞和翼片的抗冲平板 9,并以与入射角成 90°的方向离开抗冲平板。抗冲平板在射流冲力和测压管 8 中的水压力作用下处于平衡状态。活塞形心水深 h_c 可由测压管 8 测得,由此可求得射流的冲力,即动量力 F。冲击后的弃水经集水箱 7 汇集后,再经上回水管 10 流出,最后经漏斗和下回水管流回蓄水箱。

为了自动调节测压管内的水位,以使带活塞的平板受力平衡并减小摩擦阻力对活塞的影响,本实验装置应用了自动控制的反馈原理和动摩擦减阻技术,其构造如下:

带活塞和翼片的平板 9 和带活塞套的测压管 8,如图 6.2(a)所示,该图是活塞退出活塞套时的分部件示意图,其工作原理示意图见图 6.3。活塞中心设有一细导水管 a,进口端位于平板中心,出口端伸出活塞头部,出口方向与轴向垂直。在平板上设有翼片 b,活塞套上设有窄槽 c。

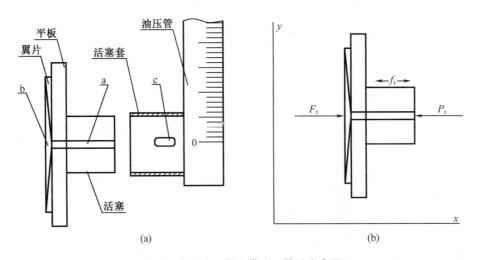

图 6.2　带活塞平板和带测压管活塞套图

工作时,在射流冲击力作用下,水流经导水管 a 向测压管内加水。当射流冲击力大于测压管内水柱对活塞的压力时,活塞内移,窄槽 c 关小,水流外溢减少,使测压管内水位升高,水压力增大;反之,活塞外移,窄槽开大,水流外溢增多,测管内水位降低,水压力减小。在恒定射流冲击下,经短时段的自动调整,即可达到射流冲击力和水压力的平衡状态,参见图 6.2(b)。这时活塞处在半进半出、窄槽部分开启的位置上,过 a 流进测压管的水量和过 c 外溢的水量相等。由于平板上设有翼片 b,在水流冲击下,平板带动活塞旋转,因而克服了活塞在沿轴向滑移时的静摩擦力。

为验证本装置的灵敏度,只要在实验中的恒定流受力平衡状态下,人为地增减测压管中的液位高度,可发现即使改变量不足总液柱高度的 ±5‰(约 0.5～1 mm),活塞在旋转下亦能有效地克服动摩擦力而做轴向位移,开大或减小窄槽 c,使过高的水位降低或过低的水位提高,恢复到原来的平衡状态。这表明该装置的灵敏度高达 5‰,亦即活塞轴向动摩擦力 f_x 不足总动量力的 5‰。

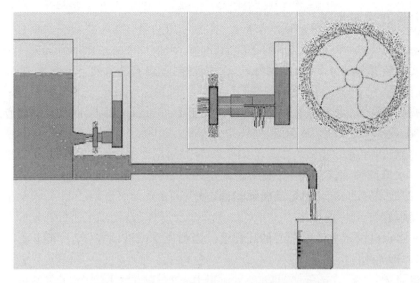

图 6.3　活塞式动量定理装置工作原理示意图

三、实验原理

恒定总流动量的方程为

$$\boldsymbol{F} = \rho Q(\beta_2 \boldsymbol{V}_2 - \beta_1 \boldsymbol{V}_1) \tag{6-1}$$

带活塞的抗冲平板在射流冲力和测压管 8 中的水压力作用下处于平衡状态,因滑动摩擦阻力水平分力 $f_x < 0.5\% F_x$,可忽略不计,则有下列等式成立,参见图 6.2(b),即

$$\overline{F}_x = -\overline{P}_x$$

亦即

$$\rho Q(\beta_2 \overline{V}_{2x} - \beta_1 \overline{V}_{1x}) = -\rho g h_c \frac{\pi}{4} D^2 \tag{6-2}$$

因射流冲击平板后 x 方向速度 $\overline{V}_{2x} = 0$,上式变为

$$\beta_1 \rho Q \overline{V}_{1x} = \rho g h_c \frac{\pi}{4} D^2 \tag{6-3}$$

式中　h_c——作用在活塞形心处的水深;

　　　D——活塞的直径;

　　　Q——管嘴射流流量;

　　　$\overline{V}_{1x}$——管嘴出口射流的平均速度;

　　　$\overline{V}_{2x}$——射流冲击平板后 x 方向速度;

　　　β_1,β_2——动量修正系数。

实验中,在平衡状态下,只要测得流量 Q 和活塞形心处水深 h_c,再由给定的管嘴直径 d 和活塞直径 D,代入式(6-3),便可计算出射流的动量修正系数 β_1 的值,并验证动量定理。其中测压管的标尺零点已固定在活塞的圆心处,因此液面标尺读数即为作用在活塞圆心处的水深。

四、实验方法与步骤

1. 准备

熟悉实验装置各部分名称、结构特征、作用性能,记录有关常数。

2. 开启水泵

打开调速器开关,水泵启动 2~3 min 后,关闭 2~3 min,以利用回水排除离心式水泵内滞留的空气。

3. 调整测压管位置

待恒压水箱满顶溢流后,松开测压管固定螺丝,调整方位,要求测压管垂直、螺丝对准十字中心,使活塞转动灵活,然后旋转螺丝固定好。

4. 测读水位

标尺的零点已固定在活塞圆心的高程上。当测压管内液面稳定后,记下测压管内液面的标尺读数,即 h_c 值。

5. 测量流量

用体积法或质量法测流量时,每次时间要求大于 20 s,若用电测仪测流量,则须在仪器量程范围内。均需重复测三次再取均值。(流量亦要根据实际接水水桶情况,不要太满为宜)。

6. 改变水头重复实验

逐次打开不同高度上的溢水孔盖,改变管嘴的作用水头。调节调速器,使溢流量适中,待水头稳定后,按 3~5 步骤重复进行实验。

7. 观察 $\overline{V}_{2x} \neq 0$ 对 $\overline{F}_x$ 的影响

取下平板活塞,使水流冲击到活塞套内,调整好位置,使反射水流的回射角度一致,记录回射角度的目估值、测压管作用水深 h'_c 和管嘴作用水头 H_0。

五、实验成果及要求

1. 记录有关常数。实验装置台号 No. _____。管嘴内径 $d =$ cm,活塞直径 $D =$ cm。

2. 设计实验参数记录、计算表,并将实测数据填入表6.1。

表 6.1 动量定理数据处理表格

测次	体积 V	时间 T	流量	平均流量	活塞作用水头	流速	动量力	动量修正系数
			Q_i	Q	h_c	$\overline{V}_{1x}$	$\overline{F}_x$	β_1
单位								
1								

表 6.1（续）

测次	体积 V	时间 T	流量	平均流量	活塞作用水头	流速	动量力	动量修正系数
			Q_i	Q	h_c	$\overline{V}_{1x}$	$\overline{F}_x$	β_1
单位								
2								
3								

六、实验分析与讨论

1. 实测 $\overline{\beta}_1$（平均动量修正系数）与公认值（$\beta = 1.02 \sim 1.05$）符合与否？如不符合,试分析原因。

2. 带翼片的平板在射流作用下获得力矩,这对分析射流冲击无翼片的平板沿 x 方向的动量方程有无影响,为什么?

3. 图 6.4 为清华大学动量定理实验装置示意图,图 6.5 为华中科技大学动量定理实验装置示意图,根据已学知识,可以结合网络知识,分析其实验原理。

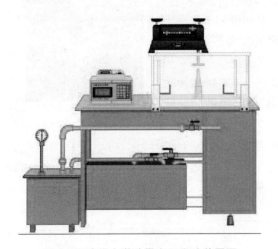

图 6.4 清华大学动量定理实验装置图

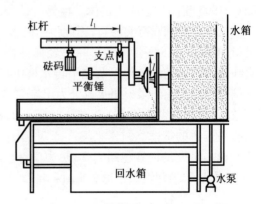

图 6.5 华中科技大学动量定理实验装置图

第七章 雷诺实验

一、实验背景

1883 年,雷诺通过实验发现液流中存在着层流和湍流两种流态:流速较小时,水流有条不紊地呈现层状有序的直线运动,流层间没有质点掺混,这种流态称为层流;当流速增大时,流体质点做杂乱无章的无序的运动,流层间质点掺混,这种流态称为湍流。雷诺实验还发现存在着湍流转变为层流的临界流速 V_0,而 V_0 又与流体的黏性及圆管的直径 d 有关。若要判别流态,就要确定各种情况下的 V_0 值。雷诺运用量纲分析的原理,对这些相关因素的不同量值做出排列组合再分别进行实验研究,得出了无量纲数——雷诺数 Re,以此作为层流与紊流的判别依据,使复杂问题得以简化。经反复测试,雷诺得出圆管流动的下临界雷诺数值为 2 320,工程上一般取之为 2 000。当 $Re < 2 320$ 时,管中流态为层流;反之,则为湍流。

雷诺简介

奥斯本·雷诺(Osborne Reynolds),英国力学家、物理学家和工程师。1842 年 8 月 23 日生于北爱尔兰的贝尔法斯特,1912 年 2 月 21 日卒于萨默塞特的沃切特。1867 年毕业于剑桥大学王后学院。1868 年出任曼彻斯特欧文学院(后改名为维多利亚大学)的首席工程学教授,1877 年当选为皇家学会会员,1888 年获皇家勋章,1905 年因健康原因退休。他是一位杰出的实验科学家,由于欧文学院最初没有实验室,因此他的许多早期试验都是在家里进行的。他于 1883 年发表了一篇经典性论文——《决定水流为

直线或曲线运动的条件以及在平行水槽中的阻力定律的探讨》。这篇文章以实验结果说明水流分为层流与紊流两种形态,并提出以无量纲数 Re(后称为雷诺数)作为判别两种流态的标准。他还于 1886 年提出轴承的润滑理论,1895 年在湍流中引入有关应力的概念。雷诺兴趣广泛,一生著述很多,其中近 70 篇论文都有很深远的影响。这些论文研究的内容包括力学、热力学、电学、航空学、蒸汽机特性等。他的成果曾汇编成《雷诺力学和物理学课题论文集》两卷。

二、实验目的和要求

1. 观察液体流动时的层流和紊流现象。区分两种不同流态的特征,搞清两种流态产生的条件,加深对雷诺数的理解。

2. 测定颜色水在管中的不同状态下的雷诺数,学习圆管流态判别准则,进一步掌握层流、紊流两种流态的运动学特性与动力学特性。

3. 通过对颜色水在管中的不同状态的分析,加深对管流不同流态的了解。学习古典流体力学中应用无量纲参数进行实验研究的方法,并了解其实用意义。

三、实验装置

实验装置如图7.1所示,供水流量由无级调速器调控使恒压水箱4始终保持微溢流的程度,以提高进口前水体稳定度。本恒压水箱还设有多道稳水隔板,可使稳水时间缩短到3~5 min。颜色水经水管5注入实验管道8,可据颜色水散开与否判别流态。为防止自循环水污染,有色指示水采用自行消色的专用色水。紊流时顺管流下颜色水线完全离散为空间无序运动点,那么颜色水浓度很低,就看不见颜色了。层流流线不离散显示为一红色直线。

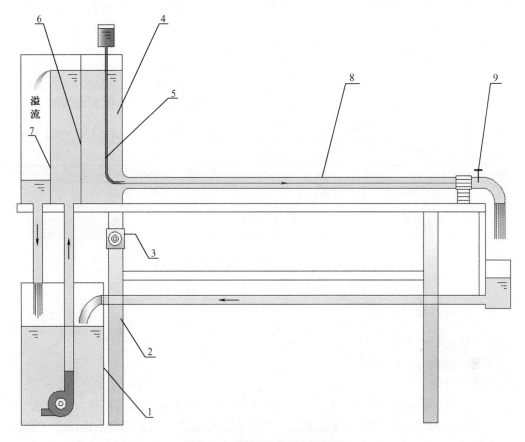

图7.1 自循环雷诺实验装置图

1—自循环供水器;2—实验台;3—可控硅无级调速器;4—恒压水箱;5—颜色水水管;6—稳水孔板;
7—溢流板;8—实验管道;9—实验流量调节阀

四、实验原理

在本实验中,当流量由大逐渐变小时,流态由湍流变为层流,对应一个下临界雷诺数;当流量由零逐渐增大时,流态从层流变为湍流,对应一个上临界雷诺数。在上临界值与下临界值之间,则为不稳定的过渡区域。由于上临界雷诺数受外界干扰,数值不稳定,而下临界雷诺数值比较稳定,因此一般以下临界雷诺数作为判别流态的标准。该实验中,水箱的水位稳定,管径、水的密度与黏性系数不变,所以可以用改变管中流速的办法改变雷诺数。

雷诺数的计算公式为

$$Re = \frac{Vd}{\nu} = \frac{4Q}{\pi d\nu} = KQ$$

$$K = \frac{4}{\pi d\nu} \qquad\qquad (7-1)$$

式中　　Re——雷诺数,无因次量;

　　　　d——圆管内径;

　　　　V——管内平均流速;

　　　　ν——流体黏度;

　　　　K——计算常数;

　　　　Q——流体流量。

通过有色液体的质点运动,可以将两种流态的根本区别清晰地反映出来。在层流中,有色液体与水互不混掺,呈直线运动状态,在紊流中,有大小不等的涡体振荡于各流层之间,有色液体与水混掺,浓度降低,颜色看不见,如图7.2所示。

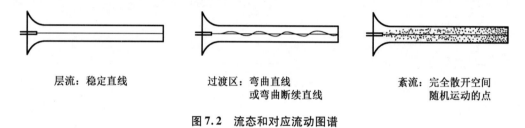

层流:稳定直线　　　　　　过渡区:弯曲直线　　　　　　紊流:完全散开空间
　　　　　　　　　　　　　　或弯曲断续直线　　　　　　　　随机运动的点

图7.2　流态和对应流动图谱

五、实验方法与步骤

1. 测量并记录常数

测记本实验的有关常数。

2. 观察两种流态

打开开关3使水箱充水至溢流水位,经稳定后,微微开启调节阀9,并注入颜色水于实验管内,使颜色水流成一直线。通过颜色水质点的运动观察管内水流的层流流态,然后逐步开大调节阀,通过颜色水直线的变化观察层流转变到紊流的水力特征,待管中出现完全紊流后,再逐步关小调节阀,观察由紊流转变为层流的水力特征。

3. 测定下临界雷诺数3次取平均值

(1)将调节阀打开,使管中呈完全紊流,再逐步关小调节阀使流量减小。当流量调节到使颜色水在全管刚刚呈现出一稳定直线为止,即为下临界状态。

(2)待管中出现临界状态时,用体积法、质量法或电测法测定管内流量。

(3)根据所测流量计算下临界雷诺数,并与公认值2 320比较,偏离过大,需重测。

(4)重新打开调节阀,使其形成完全紊流,按照上述步骤重复测量不少于三次。

(5)同时用水箱中的温度计测记水温,从而求得水的运动黏度。

注意

a. 每调节阀门一次,均需等待稳定几分钟;

b. 关小阀门过程中,只允许渐小,不允许开大;

c. 随出水流量减小，应适当调小开关（右旋），以减少溢流量引发的扰动；

d. 测定上临界雷诺数 1～2 次。

逐渐开启调节阀，使管中水流由层流过渡到紊流，当颜色水线刚刚开始散开时，即为上临界状态，测定上临界雷诺数 1～2 次。

六、实验成果及要求

1. 记录、计算有关常数

实验装置台号 No. _____。

管径 d =　　cm

水温 t =　　℃

运动黏度　　$\nu = \dfrac{0.017\ 75}{1 + 0.033\ 7\ t + 0.000\ 221\ t^2} = $　　cm^2/s 　　　（7 - 2）

计算常数 K =　　s/cm^3

2. 整理、记录计算表

见表 7.1。

表 7.1　雷诺实验数据记录表

次序	颜色水线形态	水体积 V/cm^3	时间 T/s	流量 $Q/(cm^3/s)$	雷诺数 Re	阀门开度增（↑）或减（↓）	备注
1	完全散开					↓	
	弯曲断续					↓	
	稳定直线					↓	下临界
2	完全散开					↓	
	稳定直线					↓	下临界
3	稳定直线					↓	下临界
4	刚完全散开					↑	上临界

实测下临界雷诺数（平均值）$\overline{Re}_c$ =

实测上临界雷诺数（平均值）$\overline{Re}_c$ =

注：颜色水线形态指稳定直线，稳定略弯曲，直线摆动，直线抖动，断续，完全散开等。

七、实验分析与讨论

1. 流态判据为何采用无量纲参数，而不采用临界流速？

2. 为何认为上临界雷诺数无实际意义，而采用下临界雷诺数作为层流与紊流的判据？实测下临界雷诺数为多少？

3. 雷诺实验得出的圆管流动下临界雷诺数为 2 320，而目前有些教科书中介绍采用的下临界雷诺数是 2 000，原因何在？

4. 试结合紊动机理实验的观察，分析由层流过渡到紊流的机理何在？

5. 分析层流和紊流在运动学特性和动力学特性方面各有何差异?

八、相关阅读

流体的流动状态不同,流体的运动学和动力学特性就会不一样。雷诺实验揭示了圆管中流体的流动状态不仅与管内平均流速有关,同时也与圆管内直径、运动黏度有关。流动状态指流体的流动是层流流动还是紊流流动或者处于过渡段。

1. 层流运动学特征

(1)质点有规律地做分层流动,边界条件相同,流动现象(或图谱)会严格再现;

(2)断面流速按抛物线分布;

(3)运动要素无脉动现象;

(4)稳定性:雷诺数低于下临界,能够衰减干扰信号,重新归于稳定。

2. 紊流运动学特征

(1)质点互相掺混做无规则的随机运动,边界条件相同,流动现象不会再现;

(2)断面流速按指数规律分布,雷诺数越大,管内流速越均匀;

(3)运动要素发生不规则的脉动现象。

第八章　局部水头损失实验

局部水头定义及局部阻力产生的原因:在边界急剧变化的区域,由于速度的大小和方向发生急剧变化而产生漩涡,导致流动阻力大大增加,形成了比较集中的能量损失,称为局部水头损失,记作 h_j。一般发生在渐扩渐缩段(如发动机喷管、风洞发散段)、突扩突缩段(输送流体的管路直径变化俗称变径部位)、阀门、弯管、分流合流等部位。局部水头损失在流体运行系统中是大量存在的,雷诺数越大,在计算中越要充分考虑。

局部损失种类繁多,大部分不能用理论方法计算,需要用实验来测定。本实验指定用三点法和四点法测量突扩和突缩这种类型局部阻力损失系数。

一、实验目的和要求

1. 掌握三点法、四点法量测局部阻力系数的技能;

2. 通过对圆管突扩局部阻力系数的表达公式和突缩局部阻力系数的经验公式的实验验证与分析,熟悉用理论分析法和经验法建立函数式的途径;

3. 仔细观察流动图谱,加深对局部阻力损失机理的理解;

4. 了解实验测量局部阻力损失的一般思路和方法。

二、实验装置

实验装置如图8.1所示。由实验平台系统、实验管路系统、压差测量系统组成。实验平台系统由下游水箱、水泵、实验台桌、可控硅无级调速器、恒压水箱、溢流板、稳水板、流量调节阀、辅助连接管路等组成,提供溢流式恒定水头,流量连续可调。实验管路系统由三种不同直径有机玻璃圆管组成,直径分别为 D_1、D_2、D_3,标示于上游水箱正面,上边布置6个测压管测点。压差测量系统由测压管、滑动测量尺、连接软管等组成。

实验管道由小 → 大 → 小三种已知管径的管道组成,测点1~3用来测量突扩的局部水头损失系数,用了三个测点,就是所谓三点法。3~6测点用来测量突缩的局部阻力损失系数,用了四个测点,这就是所谓四点法。其中测点1位于突扩界面处,用以测量小管出口端压强值。

6个测点和测压板的6个测压管用透明软管一一对应连接,当连接测点和测压板的软管充满连续的液体,测点的压力就可以在测压管上准确地反映出来。待测压管水面稳定下来后,通过滑动测尺就可以测记测点的测压管水头值。

三、实验原理

1. 沿程损失的表现形式及与长度的关系

(1)沿程损失的表现形式

沿程损失以 h_f 表示。如何表达一个截面的总水头? 一个截面的总水头是一个相对量,与参考线位置选取有关,由位置水头、压能水头、速度水头三项构成。如图8.2所示的 $i—i$ 截面的总水头为

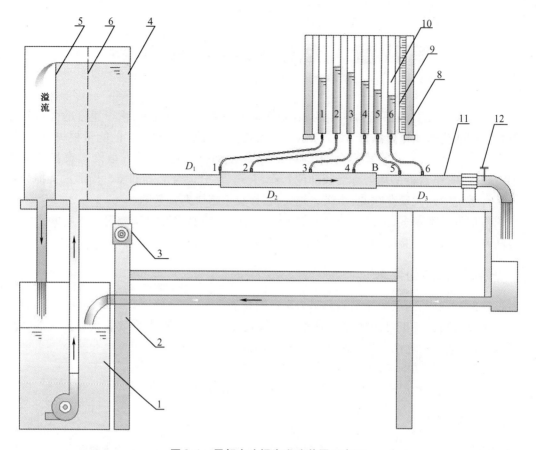

图 8.1 局部水头损失实验装置示意图

1—自循环供水器;2—实验台;3—可控硅无机调速器;4—恒压水箱;5—溢流板;6—稳水孔板
7—突然扩大实验管段;8—测压计;9—滑动测量尺;10—测压管;11—突然收缩实验管段;12—实验流量调节阀

$$H_i = z_i + \frac{P_i}{\rho_i g} + \frac{V_i^2}{2g} \qquad (8-1)$$

式中　H_i——i 截面的总水头;

　　　Z_i——i 点的位置水头;

　　　P_i——i 点的压能;

　　　V_i——i 点所在截面的平均流速;

　　　ρ——流体的密度;

　　　g——重力加速度。

那么 1—i 流段的沿程损失 $h_{f,1-i}$ 为

$$h_{f,1-i} = \left(Z_1 + \frac{P_1}{\rho_1 g} + \frac{V_1^2}{2g}\right) - \left(Z_i + \frac{P_i}{\rho_i g} + \frac{V_i^2}{2g}\right)$$

$$= \left(Z_1 + \frac{P_1}{\rho_1 g}\right) - \left(Z_i + \frac{P_i}{\rho_i g}\right)$$

$$= h_1 - h_i$$

$$= \Delta h \qquad (8-2)$$

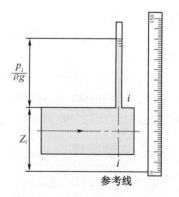

图 8.2 戴面水头损失实验

因为是均匀管,所以 $V_1 = V_i$,可见沿程水头损失体现为压能水头的降低,在数值上为测点间的测压管水头之差,参见图8.3。

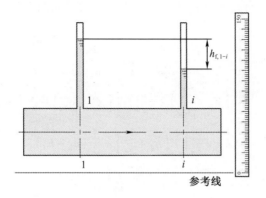

图8.3　局部水头损失实验

(2)沿程损失与长度的关系

由达西公式

$$h_{\text{f}} = \lambda \frac{L}{d} \frac{V^2}{2g}$$

(8-3)

式中　h_{f}——沿程损失;

　　　λ——沿程阻力系数;

　　　d——管路内径;

　　　V——管内平均流速。

可见,在固定管路某一恒定流量下,沿程阻力系数 λ 恒定,流速 V 是一定的,直径 d 不变,沿程损失 h_{f} 与管路长度 L 成正比,即

$$h_{\text{f}} = \lambda \frac{L}{d} \frac{V^2}{2g} = KL$$

(8-4)

$$K = \lambda \frac{V^2}{2dg}$$

(8-5)

2. 前断面和后段面

突扩和突缩的工程背景来自输送液体管路的变换直径连接部位,俗称变径,如四分管变成六分管就是突扩,而六分管变成四分管就是突缩。本实验中前断面和后断面所指:我们把管路组合离散开来,突扩和突缩的前断面和后断面分别标于图8.4。突扩前断面和后断面实际是一个几何面的两个不同物理面,这就是一种模型化,是建模的需要。突缩也是一样。

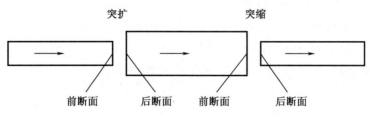

图8.4　前断面和后断面

3. 三点法计算突扩局部阻力损失

采用三点法计算突扩的沿程损失,可以按下式进行计算。$h_{f,1-2}$ 由 $h_{f,2-3}$ 按流长比例换算得出。选取参考轴线,由以下公式推算。计算测点布置如图 8.5 所示。突扩局部水头损失 h_{je} 为

$$h_{je} = \left(Z_1 + \frac{P_1}{\rho_1 g} + \frac{V_1^2}{2g} \right) - \left(Z_2 + \frac{P_2}{\rho_2 g} + \frac{V_2^2}{2g} \right) + h_{f,1-2}$$

$$= \left[\left(Z_1 + \frac{P_1}{\rho_1 g} \right) + \frac{V_1^2}{2g} \right] - \left[\left(Z_2 + \frac{P_2}{\rho_2 g} \right) + \frac{V_2^2}{2g} \right] + \frac{1}{2}(h_2 - h_3)$$

$$= \left(h_1 + \frac{V_1^2}{2g} \right) - \left(h_2 + \frac{V_2^2}{2g} \right) + \frac{1}{2}(h_2 - h_3) \qquad (8-6)$$

突扩局部水头损失系数 ζ_e 为 $\qquad\qquad \zeta_e = h_{je} \Big/ \dfrac{V_1^2}{2g} \qquad\qquad (8-7)$

理论值计算公式为 $\qquad\qquad\qquad h'_{je} = \zeta'_e \dfrac{V_1^2}{2g} \qquad\qquad (8-8)$

$$\zeta'_e = \left(1 - \frac{A_1}{A_2} \right)^2 \qquad\qquad (8-9)$$

式中　V_1——为测点 1 所在截面的平均流速,也是前断面的平均流速;

　　　A_1 , A_2——1,2 测点所在截面的面积。

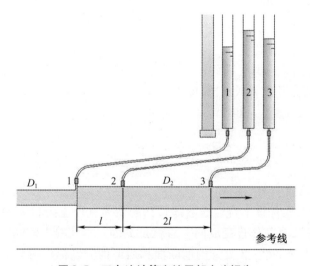

图8.5　三点法计算突扩局部水头损失

4. 四点法计算突缩局部阻力损失

突缩因前断面和后断面均有漩涡产生,压力变化不稳定,前后断面均不适合安装测点,突缩计算测点布置如图 8.6 所示,B 点为突缩点,$h_{f,4-B}$ 由 $h_{f,3-4}$ 换算得出,$h_{f,B-5}$ 由 $h_{f,5-6}$ 换算得出。选取参考轴线,由下边公式推算。突缩局部水头损失 h_{js} 为

$$h_{js} = \left(Z_4 + \frac{P_4}{\rho_4 g} + \frac{V_4^2}{2g} - h_{f,4-B} \right) - \left(Z_5 + \frac{P_5}{\rho_5 g} + \frac{V_5^2}{2g} + h_{f,B-5} \right)$$

$$= \left[h_4 + \frac{V_4^2}{2g} - \frac{1}{2}(h_3 - h_4) \right] - \left[h_5 + \frac{V_5^2}{2g} + (h_5 - h_6) \right] \qquad (8-10)$$

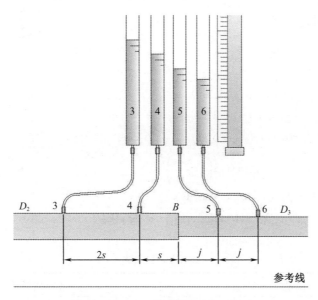

图 8.6　四点法计算突缩局部水头损失

突缩局部水头损失系数 ζ_s 为

$$\zeta_s = h_{js} / \frac{V_5^2}{2g} \qquad (8-11)$$

经验计算公式为

$$h'_{js} = \zeta'_s \frac{V_5^2}{2g} \qquad (8-12)$$

$$\zeta'_s = 0.5\left(1 - \frac{A_5}{A_3}\right) \qquad (8-13)$$

式中　V_5——5 测点所在截面的平均流速；

　　A_5,A_3——测点 5,3 所在截面的面积。

注意突扩局部损失有理论计算公式,突缩没有理论计算公式,式(8-12)和式(8-13)为经验公式。

四、实验方法与步骤

1. 测记实验有关常数。

2. 打开电子调速器开关,使恒压水箱充水,排除实验管道中的滞留气体。待水箱溢流后,检查泄水阀全关时,各测压管液面是否齐平? 若不平,则需排气调平。

3. 打开泄水阀至最大开度。这个最大开度,是指最低水位测压管水面也在滑尺测量范围内。待流量稳定后,测记测压管读数,同时用体积法或用电测法测记流量。

4. 改变泄水阀开度 7~8 次,分别测记测压管读数及流量,注意测压管液面应充分稳定,否则小流量时误差很大,原因同学们自己分析。

5. 实验完成后关闭泄水阀,检查测压管液面是否齐平,不平,则需重做。

6. 注意事项,每调节流量一次都要等测压管水面稳定才读数,并注意相同管径测压管读数应该有的规律。

五、实验成果及要求

1. 记录、计算有关常数。

实验装置台号 No. _____。

$d_1 = D_1 = $ _____ cm, $d_2 = d_3 = d_4 = D_2 = $ _____ cm,

$d_5 = d_6 = D_3 = $ _____ cm, $l_{1-2} = 12$ cm, $l_{2-3} = 24$ cm,

$l_{3-4} = 12$ cm, $l_{4-B} = 6$ cm, $l_{B-5} = 6$ cm, $l_{5-6} = 6$ cm,

$\zeta'_e = \left(1 - \dfrac{A_1}{A_2}\right)^2 = $ _____, $\zeta'_s = 0.5\left(1 - \dfrac{A_5}{A_3}\right) = $ _____。

2. 整理记录、计算表,记入表 8.1 和表 8.2。

3. 将实测 ζ 值与理论值(突扩)或公认值(突缩)比较。

表 8.1 记录表

次序	流量/(cm³/s)			测压管读数/cm					
	体积	时间	流量	1	2	3	4	5	6
1									
2									
3									
4									
5									
6									
7									

表 8.2 计算表

次数	阻力形式	流量/(cm³/s)	前断面		后断面		h_j/cm	ζ	h'_j/cm	ζ'
			$\dfrac{V_i^2}{2g}$/cm	E/cm	$\dfrac{V_j^2}{2g}$/cm	E/cm				
1										
2										
3	突然扩大									
4										
5										
6										
7										

表 **8.2**（续）

次数	阻力形式	流量 /(cm³/s)	前断面		后断面		h_j /cm	ζ	h_j' cm	ζ'
			$\dfrac{V_i^2}{2g}$ /cm	E /cm	$\dfrac{V_j^2}{2g}$ /cm	E /cm				
1										
2	突然缩小									
3										
4										
5										
6										
7										

六、实验分析与讨论

1.结合实验成果,分析比较突扩与突缩在相应条件下的局部损失大小关系。

2.结合流动仪演示的水力现象,分析局部阻力损失机理何在? 产生突扩与突缩局部阻力损失的主要部分在哪里,怎样减小局部阻力损失?

3.现备有一段长度及连接方式与调节阀 12(见图 8.1)相同,内径与实验管道相同的直管段,如何用两点法测量阀门的局部阻力系数? 写出计算公式。

4.图 8.7 所示为大学生科技创新活动,排污口安装发电机回收多余能量。试设计测点计算发电机产生的局部阻力损失,写出计算公式。

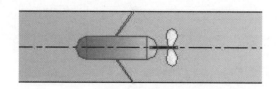

图 8.7　发电机布置示意图

5.局部阻力损失种类繁多,大部分不能用理论方法计算,需要用实验求得。根据本章内容总结出实验求局部阻力系数的一般方法和思路。

第九章　沿程水头损失实验

一、实验目的和要求

1. 加深了解圆管层流和紊流的沿程损失随平均流速变化的规律,绘制 $\lg h_f - \lg V$ 曲线;

2. 掌握管道沿程阻力系数的量测技术和应用气 – 水压差计及电测仪测量压差的方法;

3. 将测得的 $Re - \lambda$ 关系值与莫迪图对比,分析其合理性,进一步提高实验成果分析能力。

二、实验装置

实验装置见图9.1。

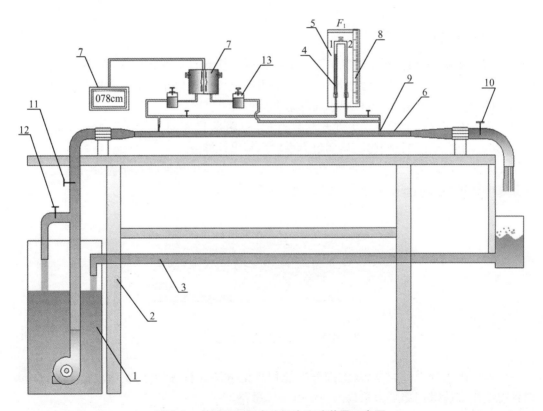

图9.1　自循环沿程水头损失实验装置示意图

1—自循环高压恒定自动供水器;2—实验台;3—回水管;4—水压差计;5—测压计;6—实验管道;7—电子量测仪;
8—滑动测量尺;9—测压点;10—实验流量调节阀;11—供水管与供水阀;12—旁通管与旁通阀;13—稳压筒

　　沿程损失实验装置主要由实验平台部分、实验管路和压差测量系统三部分构成。实验平台部分为管路系统提供压力补偿式恒定水头,由自动水泵与稳压器、旁通管与旁通阀、储水箱等组成。实验管路由内径为 d,长度为 l 的均匀不锈钢管构成,其具体数值标示于实验装置水箱正面,上边布置两个测压点。压差测量系统由两组并列压差测量装置组成测压计和电测仪,根据压差大小不同,分别使用不同测量系统,两套系统是并列并独立关系,都是测量两个测点间的压差,小压差用压差计测量,大压差用电测仪测量。电测仪量程大,测量小压差精度不够,这点要注意,尽可能用压差计多测些点,直到超出压差计测量量程,再改用电测仪。下面把几个主要部件功用特征介绍一下。

　　1. 自动水泵与稳压器

　　自循环高压恒定全自动供水器由离心泵、自动压力开关、气－水压力罐式稳压器等组成。压力超高时能自动停机,过低时能自动开机。为避免因水泵直接向实验管道供水而造成的压力波动等影响,离心泵的输水是先进入稳压器的压力桶,经稳压后再送向实验管道。

　　2. 旁通管与旁通阀

　　由于本实验装置所采用水泵的特性,在供流量小时有可能时开时停,从而造成供水压力的较大波动。为了避免这种情况出现,供水器设有与蓄水箱直通的旁通管(见图 9.1 中未标出),通过分流可使水泵持续稳定运行。旁通管中设有调节分流量至蓄水箱的阀门,即旁通阀,实验流量随旁通阀开度减小(分流量减小)而增大。实际上旁通阀又是本装置用以调节流量的重要阀门之一。

　　3. 稳压筒及压力转换器

　　为了简化管路系统排气,并防止实验中再进气,在传感器前连接由两只充水不满顶的密封立罐构成,可以有效消除管路中压力波动,称之为稳压罐。压力转换器也叫压力变送器或压力传感器,主要功能是把测点压差转变成电子信号输出。实验前一般要进行线性标定,就是压差与输出电信号成正比例关系,并求出比例系数 K。

　　4. 电测仪

　　由压力传感器和主机两部分组成。经由连通管将其接入测点(见图 9.1)。压差读数(以厘米水柱为单位)通过主机显示。

三、实验原理

　　1. 沿程损失的表现形式

　　沿程损失以 h_f 表示。如何表达一个截面的总水头? 一个截面的总水头是一个相对量,与参考线位置选取有关,由位置水头、压能水头、速度水头三项构成。如 9.2 图 i—i 截面的总水头为

$$H_i = z_i + \frac{P_i}{\rho_i g} + \frac{V_i^2}{2g} \qquad (9-1)$$

式中　H_i——i 截面的总水头;

　　　　Z_i——i 点的位置水头;

　　　　P_i——i 点的压能;

　　　　V_i——i 点所在截面的平均流速;

　　　　ρ——流体的密度;

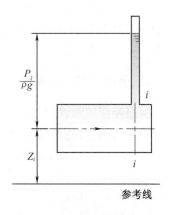

图9.2　截面总水头

g——重力加速度。

那么 $1-i$ 流段的沿程损失 $h_{f,1-i}$ 为

$$h_{f,1-i} = \left(Z_1 + \frac{P_1}{\rho_1 g} + \frac{V_1^2}{2g} \right) - \left(Z_i + \frac{P_i}{\rho_i g} + \frac{V_i^2}{2g} \right)$$

$$= \left(Z_1 + \frac{P_1}{\rho_1 g} \right) - \left(Z_i + \frac{P_i}{\rho_i g} \right)$$

$$= h_1 - h_i = \Delta h \qquad (9-2)$$

因为是均匀管,所以 $V_1 = V_i$,可见沿程水头损失体现为压能水头的降低,在数值上为测点间的测压管水头之差,如图9.3所示。

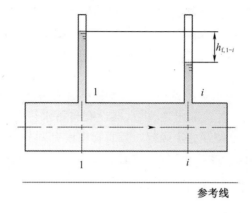

图9.3 沿程水头损失

2. 计算沿程损失系数

由达西公式

$$h_f = \lambda \frac{L}{d} \frac{V^2}{2g}$$

得

$$\lambda = \frac{2gdh_f}{L} \frac{1}{V^2} = \frac{2gdh_f}{L} \left(\frac{\pi}{4} d^2 / Q \right)^2 = K \frac{h_f}{Q^2} \qquad (9-3)$$

$$K = \pi^2 g d^5 / 8L$$

沿程损失 h_f 就是两个测点之间的压差,可用压差计和电测仪测量。这样 λ 就可以计算出来。

四、实验方法与步骤

对照装置图和说明,搞清各组成部件的名称、作用及其工作原理;检查蓄水箱水位是否够高及旁通阀12是否已关闭。否则予以补水并关闭阀门;记录有关实验常数:工作管内径 d 和实验管路长 L(标志于蓄水箱)。

启动水泵。本供水装置采用的是自动水泵,接通电源,全开阀12,打开供水阀11,水泵自动开启供水。调通量测系统,包括测压计和电测仪。

1. 夹紧水压计止水夹,打开出水阀10和进水阀11(逆钟向),关闭旁通阀12(顺钟向),启动水泵排除管道中的气体。

2. 全开阀12,关闭阀10,松开水压计止水夹,并旋松水压计之旋塞 F_1,排除水压计中的气体。随后关阀11,开阀10,使水压计的液面降至标尺零指示附近,即旋紧 F_1。再次开启

阀 11 并立即关闭阀 10,稍候片刻检查水压计是否齐平,如不平则需重调。

3. 水压计齐平时,则可旋开电测仪排气旋扭,对电测仪的连接水管通水、排气,并将电测仪调至"000"显示。

4. 实验装置通水排气后,即可进行实验测量。在阀 12、阀 11 全开的前提下,逐次开大出水阀 10,每次调节流量时,均需稳定 2 ~ 3 min,流量愈小,稳定时间愈长;测流时间不小于 8 ~ 10 s;测流量的同时,需测记水压计(或电测仪)、温度计(温度表应挂在水箱中)等读数。

5. 压差(沿程损失)选取范围

(1)层流段:夏季应在水压计 Δh ~ 20 mmH$_2$O[①],冬季 Δh ~ 30 mmH$_2$O。

(2)紊流段:测完层流范围内的点就可以进入紊流段测量,每次增量可按 Δh ~ 100 cmH$_2$O 递加,直至测出最大的 h_f 值。当压差超出压差计范围,可用电测仪记录 h_f 值,阀的操作次序是当阀 11、阀 10 开至最大后,逐渐关阀 12,直至 h_f 显示最大值。

6. 结束实验前,应全开阀 12,关闭阀 10,检查水压计与电测仪是否指示为零,若均为零,则关闭阀 11,切断电源。否则,表明压力计已进气,需重做实验。

五、实验成果及要求

1. 记录有关常数

实验装置台号 No. _____。

圆管直径 d = cm,量测段长度 L = cm。

2. 记录及计算

见表 9.1。

表 9.1 沿程损失实验数据测计表

测次	体积 /(cm)	时间 /s	流量 Q /(cm^3/s)	流速 V /(cm/s)	水温 /℃	黏度 υ /(cm^2/s)	雷诺数 Re	比压计、电测仪数 cm	沿程损失 h_f	沿程损失 λ $R_\theta < 2\,320$ $\lambda = 64/R_\theta$

[①] 1 mmH$_2$O = 9.806 65 Pa

表 **9.1**(续)

测次	体积 /(cm)	时间 /s	流量 Q /(cm³/s)	流速 V /(cm/s)	水温 /℃	黏度 υ /(cm²/s)	雷诺数 Re	比压计、电测仪数 cm	沿程损失 h_f	沿程损失 λ $R_\theta < 2\ 320$ λ $= 64/R_\theta$

3. 绘图分析

绘制 $\lg V - \lg h_f$ 曲线,并确定指数关系值 m 的大小。在厘米纸上以 $\lg V$ 为横坐标,以 $\lg h_f$ 为纵坐标,绘制所测的 $\lg V - \lg h_f$ 关系曲线,根据具体情况连成一段或几段直线。求厘米纸上直线的斜率:

$$m = \frac{\lg h_{f2} - \lg h_{f1}}{\lg V_2 - \lg V_1}$$

将从图上求得的 m 值与已知各流区的 m 值(即层流 $m=1$,光滑管流区 $m=1.75$,粗糙管紊流区 $m=2.0$,紊流过渡区 $1.75 < m < 2.0$)进行比较,确定实验流区。

六、实验分析与讨论

1. 为什么压差计的水柱差就是沿程水头损失? 如实验管道安装成倾斜,是否影响实验成果?

2. 据实测 m 值判别本实验的流区。

3. 实际工程中钢管中的流动,大多数为光滑紊流或紊流过渡区,而水电站泄洪洞的流动,大多为紊流阻力平方区,其原因何在?

4. 管道的当量粗糙度如何测得?

5. 本次实验结果与莫迪图吻合与否,试分析其原因。

第十章　孔口与管嘴出流实验

一、实验目的和要求

1. 掌握孔口与管嘴出流的流速系数、流量系数、侧收缩系数、局部阻力系数的量测技能;

2. 通过对不同管嘴与孔口的流量系数测量分析,了解进口形状对出流能力的影响及相关水力要素对孔口出流能力的影响。

二、实验装置

孔口与管嘴出流实验装置如图 10.1 所示。

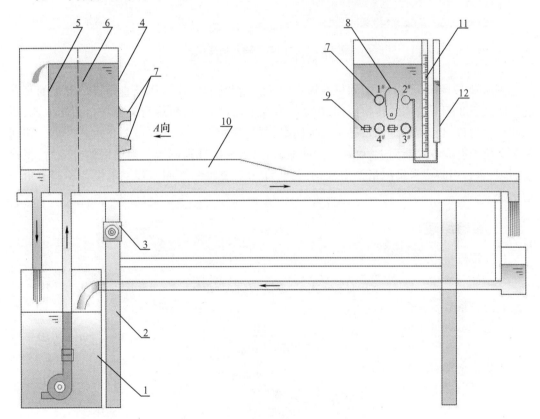

图 10.1　孔口与管嘴出流实验装置图

1—自循环供水器;2—实验台;3—可控硅无级调速器;4—恒压水箱;5—溢流板;6—稳水孔板;

7—孔口管嘴为喇叭形管嘴、直角进口管嘴、锥形管嘴、孔口;8—防溅旋板;

9—测量孔口射流收缩直径的移动触头;10—上回水槽;11—标尺;12—测压管

在容器壁上开孔,流体经过孔口流出的流动现象就称为孔口出流,当孔口直径 $d \leqslant 0.1H$ (H 为孔口作用水头)时称为薄壁圆形小孔口出流。在孔口周界上连接一长度约为孔口直径 $3 \sim 4$ 倍的短管,这样的短管称为圆柱形外管嘴。流体流经该短管,并在出口断面形成满管流的流动现象叫管嘴出流。其他形状如图 10.2 所示。

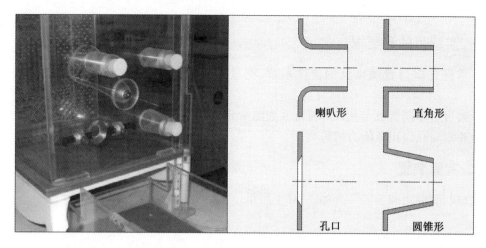

图 10.2　孔口与管嘴几何形状

测压管 12 和标尺 11 用于测量水箱水位、孔口管嘴的位置高程及直角进口管嘴的真空度。防溅板 8 用于管嘴的转换操作,当某一管嘴实验结束时,将旋板旋至进口截断水流,再用橡皮塞封口;当需要开启时,先用旋板挡水,再打开橡皮塞。这样可防止水花四溅。移动触头 9 位于射流收缩断面上,可水平向伸缩,当两个触块分别调节至射流两侧外缘时,将螺丝固定,然后用游标卡尺测量两触块的间距,即为射流收缩断面直径。本设备还能演示明槽水跃。

三、实验原理

1. 计算流量 Q

$$Q = \varphi \varepsilon A \sqrt{2gH_0} = \mu A \sqrt{2gH_0} \qquad (10-1)$$

2. 流量系数 μ

$$\mu = \frac{Q}{A \sqrt{2gH_0}} \qquad (10-2)$$

3. 收缩系数 ε

$$\varepsilon = \frac{A_c}{A} = \frac{d_c^2}{d^2} \qquad (10-3)$$

4. 流速系数 φ

$$\varphi = \frac{V_c}{\sqrt{2gH_0}} = \frac{\mu}{\varepsilon} = \frac{1}{\sqrt{1+\zeta}} \qquad (10-4)$$

5. 阻力系数 ζ

$$\zeta = \frac{1}{\varphi^2} - 1 \qquad (10-5)$$

式中　H_0——管嘴或孔口的作用水头；

　　　ε——收缩系数；

　　　A_c，d_c——收缩断面的横截面积和直径；

　　　φ——流速系数；

　　　μ——流量系数；

　　　ζ——局部阻力系数。

四、实验方法与步骤

1. 特别注意，实验完成后擦净实验台上积水，因为本实验易于洒水外溢等情况发生，所以也要注意安全，湿手不要接触电源。

2. 记录各实验常数，各孔口管嘴用橡皮塞塞紧。

3. 打开调速器开关，使恒压水箱充水，至溢流后，再打开 1# 圆角管嘴，待水面稳定后，测记水箱水面高程标尺读数 H_1，测定流量 Q，要求重复测量三次，时间尽量长些，以求准确，测量完毕，先旋转水箱内的旋板，将 1# 管嘴进口盖好，再塞紧橡皮塞。

4. 依照上法，打开 2# 管嘴，测记水箱水面高程标尺读数 H_1 及流量 Q，观察和量测直角管嘴出流时的真空情况。

5. 依次打开 3# 圆锥形管嘴，测定 H_1 及 Q。

6. 打开 4# 孔口，观察孔口出流现象，测定 H_1 及 Q，并按下述步骤 7 的方法测记孔口收缩断面的直径（重复测量三次）。然后改变孔口出流的作用水头（可减少进口流量），观察孔口收缩断面直径随水头变化的情况。

7. 关闭电源开关，清理实验桌面及场地。

8. 注意事项：

（1）实验次序是先管嘴后孔口，每次塞橡皮塞前，先用旋板将进口盖住，以免水花溅开；

（2）量测收缩断面直径，可用孔口两边的移动触头。首先松动螺丝，先移动一边触头将其与水股切向接触，并旋紧螺丝，再移动另一边触头，使之切向接触，并旋紧螺丝，再将旋板开关顺时针方向关上孔口，用卡尺测量触头间距，即为射流直径。实验时将旋板置于工作的孔口（或管嘴）上，尽量减少旋板对工作孔口、管嘴的干扰；

（3）进行以上实验时，注意观察各出流的流股形态，并做好记录。

五、实验成果及要求

1. 有关常数

实验装置台号 No. _____。

圆角管嘴 $d_1 =$　　cm，出口高程读数 $Z_1 = Z_2 =$　　cm；

直角管嘴 $d_2 =$　　cm；

圆锥管嘴 $d_3 =$　　cm，出口高程读数 $Z_3 = Z_4 =$　　cm；

孔口 $d_4 =$　　cm。

2. 整理数据并计算

整理记录及计算表格见表 10.1（仅阴影空格需要填）。

表 10.1　孔口与管嘴出流实验数据测计表

分类项目	圆角管嘴	直角管嘴	圆锥管嘴	孔口
水面读数 H_1/cm				
体积/cm^3				
时间/s				
流量 Q/(cm^3/s)				
水头 H_0/cm				
面积 A/cm^2				
流量系数 μ				
测管读数 H_2/cm				
真空度 H_V/cm				
收缩直径 d_c/cm				
收缩断面 A_c/cm^2				
收缩系数 ε				
流速系数 φ				
阻力系数 ζ				
流股形态				

注:流股形态:
　　①光滑圆柱;
　　②紊散;
　　③圆柱形麻花状扭变;
　　④具有侧收缩光滑圆柱;
　　⑤其他形状。

高程为相对于同一参考基线高度或参见第二章伯努利能量方程实验相关阅读。

六、实验分析与讨论

1. 结合观测不同类型管嘴与孔口出流的流股特征,分析流量系数不同的原因及增大过流能力的途径。

2. 观察 $d/H > 0.1$ 时,孔口出流的侧收缩率较 $d/H < 0.1$ 时有何不同?

3. 为什么相同作用水头、直径相等的条件下,直角进口管嘴的流量因数 μ 值比孔口的大、锥形管嘴的流量因数 μ 值比直角进口管嘴的大?

第十一章　紊动机理实验

一、验目的和要求

1. 仔细观察紊动形成的过程,掌握紊动发生的机理;
2. 了解仪器组成及工作原理和运行流程,为将来的实验扩展提供思路。

二、实验装置

紊动机理实验装置如图 11.1 所示。

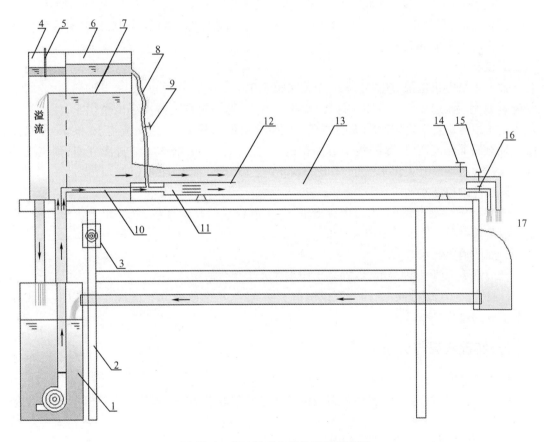

图 11.1　紊动机理实验仪结构示意图

1—自循环供水器;2—实验台;3—可控硅无级调速器;4—消色用丙种溶液容器;5—调节阀
6—染色用甲种溶液容器;7—恒压水箱;8—染色液输液管;9—调节阀;10—取水管;11—混合器
12—上下层隔板;13—剪切流道显示面;14—排气阀;15—出水调节阀;16—分流管与调节阀;17—回水漏斗

三、工作原理

工作流体由自循环供水器 1 分两路输出。一路经取水管 10 输入混合器 11,与输液管 8 输出的甲种溶液混合后呈紫红色液体,经整流后从隔板 11 下侧流到剪切显示面流道 13。另一路由水箱 7 稳流后,从隔板 11 的上侧流到显示面流道。适度调节阀门 15,使隔板上下两股不同流速的水流形成在其交界面为间断面的汇合流。

四、实验方法与步骤

1. 试验溶液配制

甲种溶液:取"甲种药品"一包加入 1 kg 蒸馏水中,不断搅拌使其充分溶解。将此甲溶液酌量倒入实验仪容器 6 中,其余溶液留作添加备用。操作时需关紧阀 9。

乙种溶液:取乙种粉状药一包放入烧杯中,注入 50 ml 酒精,不断搅拌使其充分溶解,在寒季可稍加热加速溶解。将此乙种溶液分数次缓慢倒入实验仪水箱 1 中,边倒边搅拌。

丙种溶液:配制 0.1% 浓度的稀盐酸 1 kg,酌量倒入实验仪容器 4 中,其余溶液留作备用。操作时需关紧阀 5。

2. 供水排气

插上水泵电机电源、灯光电源。先关闭阀 5,9,15,16,打开调速器,水泵即启动,此时水泵流量最大。调速器旋钮朝顺时针转,则流量越小,先控制调速器在小流量供水,使水箱水位不高于恒压水箱 7 之中间隔板的顶高。此时仅由取水管 10 单独向流道 13 供水,使水体缓慢地充满下层流道,排除隔板下方滞留的气泡。如果一次操作不能排净气泡,则应反复操作。排净气泡后开大供水流量,并操作阀 14 与 15,排除流道上的气泡。

3. 加注染色药水

调节阀 9,向混合器 11 加注甲种溶液,与水混合后即呈紫红色,勿使甲种溶液过量,使混合后溶液红色鲜明即可。

4. 加注消色药水

调节阀 5,滴下丙种溶液,以保持工作水体处于无色透明状态。

5. 打开阀 16,改变阀 15 的开度以调节上层流速,从而改变分界面流速差,以演示紊流逐渐形成的过程。

五、实验成果与分析

1. 紊动发生

按供水排气,加注染色和消色溶液的要求进行开机操作,待水流稳定后开始做紊动发生的实验。

(1)上下层界面呈平稳直线演示

由于上下层流速相同,界面相对流速为零,因此界面清晰、平稳,呈一直线。操作要求:将阀 16 全开,下层红色水流从此流出。调节阀 15,使上层无色水流流速与下层流速相接近。目的是使上下层流速大小相近。若界面直线不稳,可适当减小下层流速 u_2,方法是减小阀 16 开度,减小下层水流流速水头,并适当关小阀 15 使上下层流速相近。

(2)波动形成与发展演示

调节阀 15,适当增大上层流速 u_1,界面处有明显的速度差如图 11.2(a)所示,于是开始发生微小波动。继续增大阀 15 的开度,即逐渐增大上层流速,则波动演示更为明显如图 11.2(b)所示。

(3)波动转变为旋涡紊动演示

将阀 15 开到足够大时,波动失稳,波峰翻转,形成旋涡,界面消失,涡体的旋转运动,使得上下层流体质点发生混掺,紊动发生。

2. 紊动机理分析

经隔板上下层流道流出的两股水流在隔板末端汇合,如图 11.2(a) 所示,由于两股水流原来的流速不同,在交界面处流速值有一个跳跃变化,这种交界面称为间断面。越过间断面时流速有突变,其速度梯度为无穷大。根据牛顿内摩擦定律,间断面处的切应力也为无穷大,即

$$\tau = \mu \frac{\Delta u}{\Delta y} \qquad (11-1)$$

若 $\Delta y \to 0$,则 $\tau \to \infty$,这是不可能的。实际上间断面两侧水流将重新调整,交界面是不稳定的,对于偶然的波状扰动,交界面就会出现波动,如图 11.2(c)所示。在波峰处,上层流体过水断面变小,u_1 变大,根据伯努利方程,压强 P_1 减少;而下层流体则相反,由于过水断面增大而流速 u_2 变小,压强 P_2 增大。于是在波峰处产生下一个指向波峰方向的横向压力,使波峰凸得更凸。在波谷处情况相反,上层压强 P_1 增大,而下层压强 P_2 减小,产生的横向压力使波谷下凹更低。这样整个流程凸段越凸,凹段越凹,波状起伏更加显著,如图 11.2(d)所示。最后使间断面破裂,翻滚而形成一个个旋涡,如图 11.2(e) 所示。以上即是紊动形成的过程。涡体的运动使得上下层质点发生混掺,形成紊流。在剪切流动中,即使没有间断面,但有横向流速梯度也会产生旋涡。如雷诺实验中,当 Re 数达到一定数值后,颜色水线开始抖动,质点发生混掺,也是旋涡产生的一种情况。

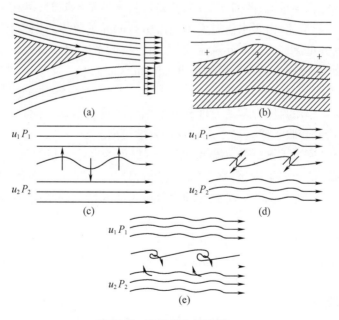

图 11.2　紊动发生示意图

因此可以这样理解,产生波动和紊动现象的原因是水流中有横向的流速梯度存在,只有在流速梯度足够大时,波动的扰动状态才演变为旋涡发生的紊流状态。

流体的黏滞性对旋涡的产生、存在和发展具有决定性作用。旋涡发生后,涡体中旋转方向与水流同向的一侧速度较大,相反的一侧速度较小。由于流速大、压强小,致使涡体两侧存在一个压差,形成了作用于涡体的升力(或沉力),如图11.2(e)所示。这个升力(或沉力)有使涡体脱离原来的流层而掺入邻近流层的趋势。由于流体的黏性对于涡体的横向运动有抑制作用,只有当促使涡体横向运动的惯性力超过黏滞阻力时,才会产生涡体的混掺。表征惯性力与黏滞阻力的比值是雷诺数。雷诺数小到一定程度(低于临界雷诺数)时,由于黏滞阻力起主导作用,涡体就不能发展和移动,也就不会产生紊流,这就是为什么可以用雷诺数作为流动形态判数的原因。

研究旋涡产生后是继续发展和增强,还是由于黏滞性的阻尼而衰减消失,这个问题称为层流的稳定性问题。旋涡随时间进程而逐渐衰减时层流是稳定的;反之如果旋涡随时间而增强则层流不稳定,最后会发展为紊流。研究层流稳定性问题的目的在于找出各种不同边界中流动的临界雷诺数。

类似于圆管雷诺数 $Re = \dfrac{ud}{v}$,可求得方管的 $R'e$ 公式为

$$R'e = \frac{Q}{2(b+h)v} \tag{11-2}$$

3. 异重流实验

(1)异重流概念

异重(zhòng,四声)流是指两种或两种以上的流体,主要因密度差异而产生的相对运动。对水流而言,引起密度差异的主要因素有含沙量、水温、溶解质含量。由于水流挟带泥沙而形成的异重流称浑水异重流;两河交汇,当各自水流含沙量不同时,可在汇合处产生分层运动现象,形成河道异重流;由于水流温度不同而引起的异重流称为温差异重流;由于水流含有盐分而形成的异重流称为盐水异重流,因水与空气的密度相差很大,一般不属于异重流。异重流又称密度流、分层流、浊流、底流和重力流等。

(2)研究方法

①理论分析。应用流体力学的原理和方法探讨异重流形成、运动等问题的力学机理和计算方法,最新研究着眼于建立异重流的各种数学模型。

②实验研究。通过水槽试验和模型试验,不仅可为理论分析提供定量数据,也是解决工程中异重流课题的重要手段,模型律问题是进行异重流实验的关键问题。

③原型观测。实地观测不仅可验证理论分析与实验研究的结论,还可为异重流研究不断提出新的课题。

三种方法的结合使下列问题的研究已取得了一定的进展:射流在有密度梯度的介质中的机理、影响交界面阻力的因子、异重流的不恒定运动、河口含盐浑水在潮汐水流中形成异重流的条件、界面液体交换问题等。

(3)利用与防治

利用异重流特性,在水库减淤,给水排水工程设计与运用等方面可获得很大效益。在多沙河流上修建蓄水水库和水电站时,设置底孔,合理运用在库底运动的浑水异重流可把泥沙排走,减少水库淤积,是水库减淤的主要措施。图11.3是小浪底水库人工塑造异重流

排出水库淤积沉沙的景象。在给水工程中,根据异重流特性设计沉淀池,有利泥沙落淤,可获得较好的水质;修建火电厂可利用温差异重流特性,设置较深的取水孔引取冷水,而设置较高的排水孔排放热水。但在某些情况下,异重流可带来很大危害。在河口形成的盐水楔往往阻碍上游来沙的下泄,并把海域泥沙带入河口,形成含沙量高的滞流区和拦门沙;在与河道交叉的引水渠或引航道处,浑浊河水可潜入引水渠或引航道,并向渠首内溯,而渠内清水自表层向大河回流,造成严重淤积等。

图 11.3　小浪底水库人工塑造异重流排出水库淤积沉沙

利用本仪器经适当改变可用来研究异重流的稳定性。密度 $\Delta\rho$ 是异重流的重要的特性参数。环境工程中涉及的异重流的 $\dfrac{\Delta\rho}{\rho_2}$ 值通常在 $0.03 \sim 0.003$ 之间。实验时可在溶液中加入一定比例的食盐或白糖来提高下层流体的密度。

异重流界面稳定性问题是目前环境工程中研究较为活跃的一个方面。异重流界面失稳与异重流内部弗劳德数 Fr_2 有关,即

$$Fr_2 = \frac{u_2}{\sqrt{(\Delta\rho/\rho_2)h_2g}} \tag{11-3}$$

式中　h_2——下层流体深度;

　　　ρ_2——下层流体密度。

通过实验也可以提供一些定量的研究成果。

六、相关阅读

1. 层流的特征

(1)层流的运动学特征

①质点有规律地做分层流动,无论流动边界如何变化,只要是连续的光顺过渡,流线就绝不会相互掺混,在流动过程中一条流线在另一条流线一侧,它始终在这一侧,不会相交。

只要边界条件重复,流动现象可以严格再现。

②断面流速按抛物线分布,壁面附近流速可以很低。

③运动要素无脉动现象。

④运动稳定性,层流流动受到外界强干扰时变成不稳定流动,但他会衰减干扰信号,重新变成稳定层流。

(2)层流的动力学特征

①流层间无质量传输。

②流层间无动量交换。

③管流中单位质量的能量损失与流速的一次方成正比。

2. 紊流的特征

确切定义紊流是困难的,但它也是一种最常见的流体流动现象,我们可以根据以下特征来领会紊流。

(1)紊流的运动学特征

①质点互相掺混做无规则运动,掺混混合是紊流的重要特点。

②断面流速按指数规律分布,雷诺数越大,速度越均匀。

③运动要素发生不规则的脉动现象,运动现象呈随机性,无论边界条件如何重复,流动现象都不能严格重现,速度等平均量除外。

④运动的有旋性。

(2)紊流的动力学特征

①流层间有质量传输。

②流层间存在动量交换。

③管流中单位质量的能量损失与流速的 1.75~2 次方成正比。

(3)层流和紊流之间的过渡段

介于上下临界雷诺数之间的流动为过渡段,这个阶段流动的重要特征是流动的不稳定性,任何小的扰动都会使较为稳定的流动变为不稳定流动,即使小的扰动不是被衰减,而是可能被加强,进而变为紊流。

第十二章　水面曲线实验

一、实验目的和要求

1. 观察棱柱体渠道中非均匀渐变流的 12 种水面曲线；
2. 掌握 12 种水面曲线的生成条件；
3. 观察了解边界条件对水面曲线的影响,加深对明渠水面曲线理论的理解。

二、实验装置

水面曲线实验装置如图 12.1 所示。

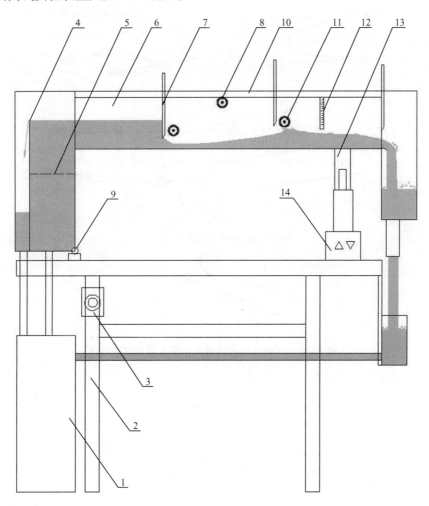

图 12.1　水面曲线实验装置示意图

1—自循环供水器;2—实验台;3—调速器;4—溢流板;5—稳水孔板;6.变坡水槽;7—闸板;8—底坡水准泡;
9—变坡轴承;10—长度标尺;11—闸板锁紧轮;12—垂向滑尺;13—升降杆;14—升降机构

为改变明槽底坡,以演示 12 种水面曲线,该实验装置配有新型高比速直齿电机驱动的升降机构 14,按下 14 的升降开关,明槽 6 即绕轴承 9 转动,从而改变水槽的底坡,坡度值由升降杆 13 的标尺值∇_z和轴承 9 与升降机上支点水平间距(L_0)求出,平坡可依底坡水准泡 8 判定,实验流量由可控硅无级调速器 3 调控,其值可用质量法(或体积法)测定,槽身设有两道闸板,用于调控上下游水位。以形成不同水面线型。闸板锁紧轮 11 用以夹紧闸板。使其定位,水深由滑尺 12 量测。

三、实验原理

如图 12.2 所示,12 种水面线分别产生于 5 种不同底坡:$i<i_c$,$i>i_c$,$i=i_c$,$i=0$ 和 $i<0$。因而实验时,必需先确定底坡性质,其中需测定的,也是最关键的是平坡和临界坡。平坡可依据水准泡或升降标尺值判定。N—N 线为正常水深线,C—C 线为临界水深线,临界底坡应满足下列关系,即

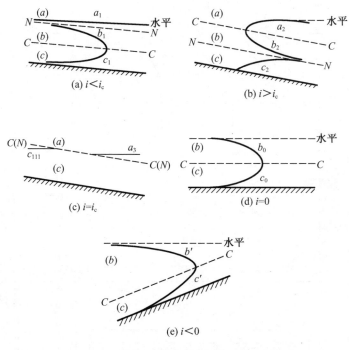

图 12.2 12 种水面线分别产生于 5 种不同底坡

$$i_c = \frac{gP_c}{\alpha C_c^2 B_c} \tag{12-1}$$

$$P_c = B_c + 2h_c \tag{12-2}$$

$$q = \frac{Q}{B_c} \tag{12-3}$$

$$h_c = \left(\frac{\alpha q^2}{g}\right)^{1/3} \tag{12-4}$$

$$C_c = \frac{1}{n}R_c^{1/6} \tag{12-5}$$

$$R_c = \frac{B_c h_c}{B_c + 2h_c} \qquad (12-6)$$

式中 P_c, C_c, B_c, h_c, q 和 R_c——明槽临界流时的湿周、谢才系数、槽宽、水深、单宽流量和水力半径;

    n——糙率。

以上公式中单位的长度取 m,时间的单位取 s。

临界底坡确定后,保持流量不变,改变渠槽底坡,就可形成陡坡($i > i_c$)、缓坡($0 < i < i_c$),平坡 $i = 0$ 和逆坡($i < 0$)、分别在不同坡度下调节对应闸板开度,调节哪块闸板参见图12.2所示,则可得到不同形式的水面曲线。

四、实验方法与步骤

1. 测记设备有关常数。

2. 开度各闸板至适当高度,避免阻滞水槽,开启水泵,调节调速开关使供水量最大,待稳定后测量过槽流量,测两次取其均值。

3. 根据式($12-1$)~式($12-5$)计算临界底坡 i_c 和 h_c 值。

4. 操纵升降机构,至所需的高程读数,使槽底坡度 $i = i_c$ 观察槽中临界流(均匀流)时的水面曲线。并校核槽内水深应与临界水深 h_c 接近,此时槽内应为临界流,然后插入闸板2,观察闸前和闸后出现的 a_3 和 c_3 形水面曲线,并将曲线绘于记录纸上。

5. 操纵升降机构使槽底坡度出现 $i > i_c$(使底坡尽量陡些),插入闸板2,调节开度,使渠道上同时呈现 a_2, b_2, c_2 水面曲线,并绘于记录纸上。

6. 操纵升降机构,使槽中分别出现 $0 < i < i_c$(使底坡尽量接近于0)、$i = 0$ 和 $i < 0$,插入闸板l,调节开度,使槽中分别出现相应的水面曲线,并绘在记录纸上(缓坡时,闸板1开启适度,能同时呈现 a_1, b_1, c_1 形水面线)。

7. 实验结束,关闭水泵。

注:在以上实验时,为了在一个底坡上同时呈现三种水面曲线,要求缓坡宜缓些,陡坡宜陡些,但注意不要超出标尺刻度,以免齿条脱开无法再啮合至原先状态,影响实验,卡紧螺丝螺母均为有机玻璃制作,卡紧闸板时宜松紧适度,卡住闸板即可,以免损坏设备影响实验。

五、实验成果及要求

1. 记录有关常数

$B =$ cm,$n = 0.008$,$L_0 =$ cm(两支点间距)。

2. 实验记录及计算

实验记录至表12.1 和表12.2 中。

表12.1 测计流量

体积 $V/(\mathrm{cm}^3)$		
时间 t'/s		
流量 $Q/(\mathrm{cm}^3/\mathrm{s})$		

表 12.2　计算临界底坡(以米,秒为单位) $\nabla_z =$ _____ cm

Q /(m³/s)	h_c /m	A_c /m²	P_c /m	R_c /m	C_c /(m^{0.5}/s)	B_c /m	i_c

3. 调出 12 种水面曲线,待稳定后定性绘制水面曲线及其衔接情况,并注明线形。图 12.3 为 12 种水面曲线图供参考。

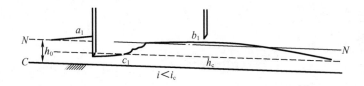

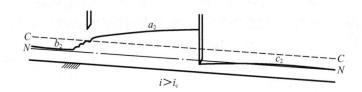

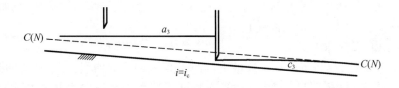

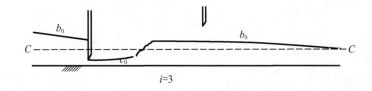

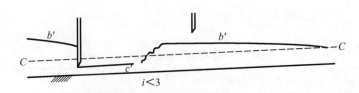

图 12.3　12 种水面曲线

六、实验分析与讨论

1. 判别临界流除了采用 i_c 方法外,还有其他什么方法?

2. 分析计算水面线时,急流和缓流的控制断面应如何选择,为什么?

3. 在进行缓坡或陡坡实验时,为什么在接近临界底坡情况下,不容易同时出现三种水面线的流动形式?

4. 影响临界水深 h_c 的因素有哪些?

第十三章　堰流实验

一、基本概念介绍

1. 堰的概念

明渠上顶部溢流的泄水建筑物称为堰。通过堰顶而具有自由表面的水流称为堰流。

堰流的特点：

(1)水流在重力作用下由势能转化为动能,水面线是一条光滑的降水曲线;

(2)堰顶上流线急剧弯曲,属急变流动,计算中只考虑局部水头损失;

(3)堰属于控制建筑物,用于控制水位和流量。

2. 堰的分类

根据堰墙厚度 δ,与堰上水头 H 比值的不同,我们可以把堰分为薄壁堰、实用堰和宽顶堰,这是堰最常用的分类方法。

(1)当 $\delta/H < 0.67$ 时,叫作薄壁堰,薄壁堰又叫作锐缘薄壁堰。越过堰顶的水舌形状不受堰厚影响,水舌下缘与堰顶为线接触,水面呈降落线。由于堰顶常做成锐缘形,故薄壁堰也称锐缘堰,薄壁堰具有稳定的水头和流量关系,常作为水力学模型实验、野外量测中的一种有效量水工具。

(2)当 $0.67 < \delta/H < 2.5$ 时,叫作实用堰,水利工程,常将堰做成曲线形、折线形,称曲线形实用堰。堰顶加厚,水舌下缘与堰顶为面接触,水舌受堰顶约束和顶托,已影响水舌形状和堰的过流能力。

(3)当 $2.5 < \delta/H < 10$ 时,叫作宽顶堰。宽顶堰堰顶厚度对水流顶托非常明显。

水流特征:

水流在进口附近的水面形成降落;有一段水流与堰顶几乎平行;下游水位较低时,出堰水流二次水面降。

二、实验目的和要求

1. 学会在明渠实验槽安装各种堰的模型,增强实验动手操作能力;

2. 仔细观察并定性绘制薄壁三角堰、实用堰、宽顶堰过流曲线;

3. 观察不同 δ/H 的有坎、无坎宽顶堰或实用堰的水流现象,以及下游水位变化对宽顶堰过流能力的影响;

4. 掌握测量堰流量系数 m 实验技能,并测定自由出流情况下无侧收缩宽顶堰的流量系数 m 值;

5. 学会用三角堰量测明渠等开放水域流量的方法和思路。

三、实验设备

堰流实验装置如图 13.1 所示。

本设备自循环供水,回水储存在蓄水箱 15 中。实验时,由水泵 14 向实验水槽 1 供水,

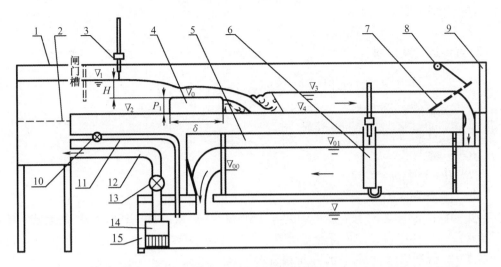

图 13.1　堰流实验装置图

1—有机玻璃实验水槽;2—稳水孔板;3—测针;4—实验堰;5—三角堰量水槽;6—三角堰水位测针筒;
7—多孔尾门;8—尾门升降轮;9—支架;10—旁通管微调阀门;11—旁通管;12—供水管;
13—供水流量调节阀门;14—水泵;15—蓄水箱

水流经三角堰量水槽 5,流回到蓄水箱 15 中。水槽首部有稳水、消波装置,末端有多孔尾门及尾门升降机构。槽中可换装各种堰、闸模型。堰闸上下游与三角堰量水槽水位分别用测针 3 与 6 量测,为量测三角堰堰顶高程配有专用校验器。

本设备通过变换不同堰体,可演示水力学课程中所介绍的各种堰流现象,及其下游水面衔接形式。包括有侧收缩无坎及其他各种常见宽顶堰流、底流、挑流,面流和戽流等现象。此外,还可演示平板闸下出流,薄壁堰流。同学们在完成规定的实验项目外,可任选其中一种或几种做实验观察,以拓宽感性知识面。

四、实验原理

1. 堰流流量公式

自由出流
$$Q = mb \sqrt{2g}H_0^{3/2} \tag{13-1}$$

淹没出淹
$$Q = \sigma_{\text{s}} mb \sqrt{2g}H_0^{3/2} \tag{13-2}$$

式中　Q——过堰流量;

　　　m——流量系数;

　　　b——渠宽;

　　　σ_{s}——淹没系数;

　　　H_0——堰上水头。

2. 堰流流量系数经验公式

(1)圆角进口宽顶堰

$$m = 0.36 + 0.01 \frac{3 - P_1/H}{1.2 + 1.5 P_1/H} \tag{13-3}$$

式中　m——流量系数;

　　　P_1——上游堰高;

H——堰上水头。

当 $P_1/H \geqslant 3$ 时，$m = 0.36$。

（2）直角进口宽顶堰

$$m = 0.32 + 0.01 \frac{3 - P_1/H}{0.46 + 0.75 P_1/H} \qquad (13-4)$$

式中　m——流量系数；

　　　P_1——上游堰高；

　　　H——堰上水头。

当 $P_1/H \geqslant 3$ 时，$m = 0.32$。

3. 堰上总作用水头

本实验需测记渠宽 b，上游渠底高程∇_2、堰顶高程∇_0、宽顶堰厚度δ、流量 Q、上游水位∇_1 及下游水位∇_3。还应检验是否符合宽顶堰条件 $2.5 \leqslant \delta/H \leqslant 10$。进而按下列各式计算确定上游堰高 P_1、行进流速 v_0、堰上水头 H 和总水头 H_0。

$$P_1 = \nabla_0 - \nabla_2 \qquad (13-5)$$

$$v_0 = \frac{Q}{b(\nabla_1 - \nabla_2)} \qquad (13-6)$$

$$H = \nabla_1 - \nabla_0 \qquad (13-7)$$

$$H_0 = H + \alpha v_0^2/2g \qquad (13-8)$$

其中实验流量 Q 由三角堰量水槽 5 测量，三角堰的流量公式为

$$Q = Ah^B \quad (\text{cm}^3/\text{s})$$
$$h = \nabla_{01} - \nabla_{00} \quad (\text{cm}) \qquad (13-9)$$

式中　∇_{01}，∇_{00}——三角堰堰顶水位(实测)和堰顶高程(实验时为常数)；

　　　A，B——率定常数，由设备制成后率定，标明于设备铭牌上。

五、实验方法与步骤(以宽顶堰为例)

1. 把设备各常数测记于实验表格中。

2. 根据实验要求流量，调节阀门 13 和下游尾门开度，使之形成堰下自由出流。同时满足 $2.5 \leqslant \delta/H \leqslant 10$ 的条件。待水流稳定后，观察宽顶堰自由出流的流动情况，定性绘出其水面线图。

3. 用测针测量堰的上、下游水位。测针的使用方法，先下调使测针尖接近水面再微调，当看见测针和测针倒影关于水面对称时为测计点，即可测计，测准堰上水头是测准流量系数的关键因素之一。量测堰上水头 H 值时，堰上游水位测针读数要在堰壁上游$(3 \sim 4)H$ 区间处测读，这里堰上水头 H 指未降落时的上游水面至堰顶的高差。经验表明距堰壁$(3 \sim 4)$ H 处的上游水面下降值已小于 $0.003H$，水面降落的影响已可忽略，故可选此位量测。另外，在实际工程中亦不宜在堰上游太远处测量，因为堰上游可能为 a_1 或 b_1 形水面线，上游端渐近于正常水深线，越向上游，水面越高。

4. 待三角堰和测针筒中的水位完全稳定后(需待 5 min 左右)，测记测针筒中水位。

5. 改变进水阀门开度，测量 4～6 个不同流量下的实验参数.

6. 调节尾门，抬高下游水位，使宽顶堰成淹没出流(满足 $h_s/H_0 \geqslant 0.8$)。测记流量 Q' 及上、下游水位。改变流量重复两次。其中 h_s 为下游水位超过堰顶的高度，H_0 为堰上总水头。

六、实验成果及要求

1. 分析比较

对宽顶堰堰流流量系数 m 的实测值与经验值进行分析比较。

2. 完成实验报表

（1）记录有关常数：实验装置台号 No. _____ 。渠槽 $b =$　cm，宽顶堰厚度 $\delta =$　cm；上游堰底高程 $\nabla_2 =$　cm，堰顶高程 $\nabla_0 =$　cm；上游堰高 $P_1 =$　cm。

三角堰流量公式为 $Q = Ah^B$，$h = \nabla_{01} - \nabla_{00}$。其中，三角堰顶高程 $\nabla_{00} =$　cm，$A =$　，$B =$　。

（2）流量系数测计表，如表 13.1 所示。

表 13.1　流量系数测计表

三角堰上游水位 ∇_{01} /cm	实测流量 Q /(cm³/s)	堰止游水位 ∇_1 /cm	堰顶水头 H/cm	行近流速 V_0 /(cm/s)	流速水头 $V_0^2/2g$ /cm	堰顶总水头 H_0 /cm	流量系数/m		堰下游水位 /m	下游水位超顶高 h_s /cm	h_s/h_o
							实测值	经验值			
直角进口											
圆角进口											

七、实验分析与讨论

1. 量测堰上水头 H 值时，堰上游水位测针读数为何要在堰壁上游 $(3 \sim 4)H$ 区域处测读？

2. 为什么宽顶堰要在 $2.5 \leqslant \delta/H \leqslant 10$ 的范围内进行实验？

3. 有哪些因素影响实测流量系数的精度？如果行近流速水头略去不计，对实验结果会产生多大影响？

第十四章　流态演示实验

第一节　流动显示技术及应用概述

一、流动显示技术概述

借助于某种方法和手段来展现流体流动情况的技术叫作流动(态)显示技术。流体在流动过程中或绕流物体时在流场中所产生的物理现象,利用某些特殊的方法以直观的形式显示出来并进行记录,进而根据所得到的流谱进行定性或定量分析,给出该物理现象的科学(专业)解释,这一技术便称作流动显示技术。它是一门既古老又有新应用并且不断发展的应用科学。流动显示技术最早的应用,是英国科学家雷诺,在水平直圆管中注入染色水,观察层流、紊流及其过渡状态,发现了有名的雷诺相似定理。而后,德国科学家普兰特利用流动显示技术发现了边界层,创建了边界层理论学说。所以流动显示技术是研究流体力学、进行科研实验、工程实验的有效实用方法之一。流动显示的主要方法有示踪法、化学显示方法和丝线法和光学显示方法等。流动现象不仅仅可以实时观察,也可以被记录,记录主要有摄影、高速摄影、录像,便于进一步的仔细研究,更有学者把图谱进行数字化处理,进行计算机模拟流场,来进行流动分析,这也是流体力学实验研究的新动向之一。

当然,精准解读流动图谱,还需要很专业的知识和丰富的实验经验积累。下边分别介绍流动显示技术最常用的主要方法——示踪法中烟风流和氢气泡及颜色水的应用。

二、示踪法流动显示技术

示踪法是借助于另外一种微量物质溶入流体来展示流体流动情况的技术,有人也叫示踪法为二相流显示技术。溶入流体的微量物质叫示踪剂。作为示踪剂,其性质或行为在显示过程中应与被示剂物应完全相同或差别极小,其加入量应当很小,对流动运行体系不产生显著的影响。此外,示踪剂必须容易被观测。两种主要流体水和空气都是无色的透明的,要想观察它们的流动和绕物体流动情况,都要借助于示踪剂,烟是空气这种流体最好的示踪剂之一,氢气泡、微粒子、细碎空气炮、颜色水等可以作为水这种流体的示踪剂,其中氢气泡、颜色水是水这种流体最主要和最常用的示踪剂(关于示踪剂的更多知识可以查阅相关资料或互联网百度),现在有专业厂家生产示踪剂,可以根据实际需要情况进行选用。

1.烟风流流动显示技术及其应用

(1)航行体基本流线型筛选

烟风流实验一般都在风洞中进行,航行体模型在风洞中吹烟风流线,就是要检验其流线型等空气运动及动力性能的优劣,如机翼、飞机整机模型、导弹、潜艇、鱼雷以及比赛用汽车等。作为航行体,对其最基本的要求应该具有良好的流线型,也就是阻力要小,运动稳定性要好。航行体在定型前大部分都要在风洞中吹烟风流线,根据烟风流线优劣筛选。航行体模型后边产生的漩涡小,大部分流线都光顺连续,离体少,表明其流线型好,能量损失小

(阻力小),航行体的运动稳定性好;相反后边产生的漩涡大,流线断续离体多,表明其流线型不好,能量损失大(阻力大),同时漩涡产生扰动使航行体的运动稳定性变差,这时航行体模型要重新设计或修改。流线流向表明压力走向,流线摆动频率表明压力的变转换情况等。

近些年,随着汽车工业的高速发展,人们对汽车的速度和运动品质等要求越来越高。实验证明,汽车速度大于 150 km/h、小于 200 km/h 时,风阻力占总阻力 60% 以上;大于 200 km/h 时,风阻力更是占到总阻力 85% 以上。风阻力大小与汽车外形关联很大,汽车风洞试验就是用来优选汽车外形,以利于降低风阻系数,提升汽车运动稳定性,进而降低百公里油耗指标,提升市场竞争力。

图 14.1 ～图 14.7 所示的几组照片是一些航行体实物或模型在风洞中做烟风流实验,对基本外形进行筛选验证,包括汽车、火车、飞机、机翼等。尤其现代高级别汽车量产前都要做这项实验,实车实验风洞造价昂贵,上亿甚至几亿美元。

图 14.1　汽车风洞气动性能实验

(2)风环境实验

城市空气污染与温度升高是一个越来越被重视的大问题,治理注意力往往集中在污染物排放上,实际还有一个是城市大气流通问题。城市密密麻麻的建筑物犹如附在动物皮上之毛,阻隔城市空气流通及与外界交换,致使城市排放污染物及热能不能及时扩散出去,导致空气污染加重及城市局部温度的升高。现在很多研究机构开始重视这些问题,提出风环境概念。通过风洞烟风流等实验,可以感性、直观地显示出大气流场的运行情况,质量、动量和热量传递交换转移的情况,为在规划、决策时了解和解决污染物扩散、热岛效应和建筑物风荷载提供依据。经监测,城市很多区域环境空气质量并不是一样的,有的地方好些,有的地方不好,可能就是因为某些楼群阻滞风路,影响大气流通,形成涡旋阻止了污染物正常排散造成的。如果当初规划的时候能做一个风洞风环境实验,就能在很大程度上避免这种情况的发生。所以,一些大型社区、大型建筑群的建设能事先考虑到风环境是很有必要的。可喜的是风环境被越来越重视。

图 14.2 高速火车模型风洞外形流线实验

图 14.3 飞机模型在风洞中做烟风流实验

图 14.4　大型屋盖顶流气场观察

图 14.5　赛车选手风洞选择骑行姿态

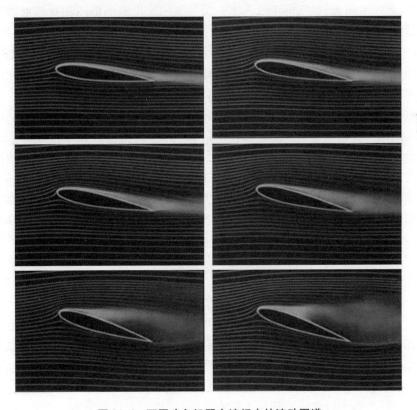

图 14.6　不同攻角机翼在流场中的流动图谱

图 14.7　楼群模型在风洞中做风环境实验

2. 氢气泡显示技术及其应用

(1)氢气泡发生装置概述

和烟风流实验要在风洞中进行一样,氢气泡流动显示实验(绕流)一般也要在循环水槽中进行。循环水槽基本知识在第十五章中介绍。氢气泡二相流显示技术,是利用氢气泡作为示踪剂,在水流场中显示各种模型绕流时的流动图谱,观察和记录流动图谱,有助于正确了解绕流物体周围的流场结构,分析绕流物体的运动学和动力学特性,比如从流动图谱可以发现流线被破坏的位置及情况,如断续、离体、产生漩涡等流场变化情况,找出绕流物体的外形缺陷,进行针对性的修改。

根据电化学可知,水在直流电压作用下在阴极产生氢气,在阳极产生氧气。氧气泡极易溶解于水,根本看不见,氢气泡难融入水。当氢气泡发生器的电压加在铂丝和铜片上时,在铂丝上就会产生和铂丝直径尺寸相当的氢气泡。这些氢气泡在常光下显示为白色雾状可见,因此就可以用这些氢气泡显示流场。当氢气泡发生器发出的是脉冲式电压时,氢气泡也出现脉冲式的,在流场中显示为一直线,这被称为"脉冲时间线"。当脉冲间隔已知时,测出时间线之间的距离,还可以得到水流的速度。

铂丝直径大小根据流速大小选择,铂丝直径大,氢气泡就会大,实验表明氢气泡的大小和铂丝的直径尺寸相当。当氢气泡直径在 $10 \sim 50 \ \mu m$ 时,跟随性较好,可不考虑其上浮作用。但在低速水流中,阴极丝上的氢气泡随水流动慢,易于合并,应采用较细的阴极铂丝。而在较高的水速时,氢气泡随水流走得快,合并机会少,可用较粗的铂丝,从丝的强度和电解电流强度考虑也宜采用较粗的阴极丝。太大氢气泡容易合并,影响流动显示效果。具体实验中可根据实际效果选择调节合适的铂丝直径。以前都用铂丝的较多,现在因为稀有金属涨价,也可以用钨丝,而铜丝这类金属不稳定,通电后很快氧化,几次就断掉了,氧化后使显示效果变差,而铂丝、钨丝化学性能稳定,即使使用时间很长,也不会发生氧化现象,因此不建议使用铜丝。

(2)氢气泡装置布置在水平型循环水槽时的情况

氢气泡布置在水平型循环水槽的情况见图 14.8 所示,两根支撑杆可以固定于槽钢上,槽钢固定在循环水槽壁上,槽钢和水槽壁之间要绝缘,铂丝支撑杆和水槽壁面要绝缘,阳极铜片也要和槽壁绝缘,就是直流电源电动势要只加在阴极和阳极之间,这点要注意。对于较高流速,支撑杆截面做成流线型避免破坏流场。形成的氢气泡最初和阴极铂丝线形状一样,为一条直线,实验中也常把铂丝加工成小锯齿状,以增加显示宽度。当然三维立体显示也可以在深度方向增加铂丝数量,直到覆盖模型或满意深度。根据显示效果需要调整阴阳电极之间的距离和阴极丝直径或者阴阳电极之间的电压。

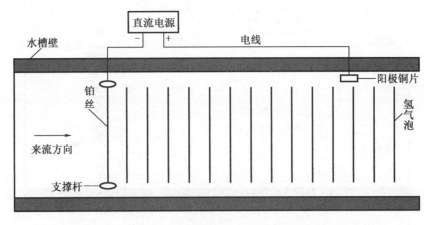

图 14.8　氢气泡发生装置在循环水槽中布置情况(俯视图)

当氢气泡发生装置布置完毕,就可以在流场中安装模型,模型一般通过转轴连接到槽钢上,槽钢再固定在槽壁上,这样模型就可以调整角度和状态了。大型循环水槽可以做较大模型实验,效果也比较好。另外,因为水是透明的,氢气泡是白色的,所以为了观察,在对向观察窗选择颜色为黑色背景更利于观察和摄影及录像。图 14.9 所示为在循环水槽中氢气泡法显示机翼前段的边界层图谱,边界层展示,绕流物体最好有连续光顺的边界,选择展弦比较大的对称机翼就可以,流场流速从小到大,注意观察机翼表面边界层的变化情况。

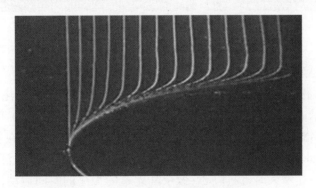

图 14.9　水槽中机翼边界层氢气泡法实验

(3)圆管内速度分布氢气泡显示

做圆管内(或狭道)流动显示就要按照下图 14. 10 来布置。做圆管内流动显示最好选用有机玻璃管或玻璃管也可以,阴极丝孔通过直径,孔径以铂丝可以穿过即可,将铂丝穿过,两边拉直用502胶水快速粘牢,在涂以玻璃胶密封。阳极位置钻孔稍大,10 ~ 12 mm 左右,将磨好铜块镶进去,阳极铜块不要伸进管内,以免影响管内流场。麻烦是两极之间距离需要事先试测,看效果好才行,这就要在管路安装时先实验以决定距离。需要指出,循环水槽流场是稳定的,圆管内流动显示也要提供连续可调的恒定流,这点也很重要,否则流动图谱也不会稳定,直流电源电压视圆管粗细显示段长短而定。

图 14.11 是氢气泡演示法显示的圆管内(或狭道)真实层流速度分布情况。该实验清

楚地显示了层流时速度呈抛物线形状分布,紊流时呈指数形式分布。

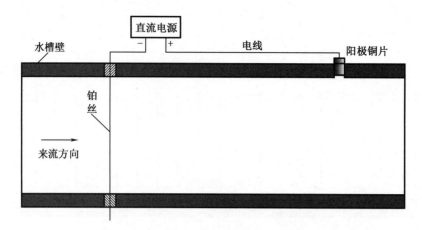

图 14.10 氢气泡法圆管内速度分布显示示意图

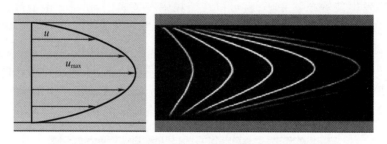

图 14.11 圆管速度分布图和氢气泡显示的速度分布图

3. 颜色水流动显示技术

流动显示技术最早的应用,是英国科学家雷诺,在水平直圆管中注入染色水,观察层流、紊流及其过度状态,发现了有名的雷诺相似定理。这就是现在理工科大学流体力学的一个实验项目——雷诺实验。1883 年,雷诺通过实验发现到液流中存在着层流和湍流两种流态:流速较小时,水流有条不紊地呈现层状有序的直线运动,流层间没有质点掺混,这种流态称为层流;当流速增大时,流体质点做杂乱无章的无序的空间运动,流层间质点掺混,这种流态称为湍流。雷诺实验还发现存在着湍流转变为层流的临界流速 V_0,而 V_0 又与流体的黏度、圆管的直径 d 有关。若要判别流态,就要确定各种情况下的 V_0 值。雷诺运用量纲分析的原理,对这些相关因素的不同量值作出排列组合再分别进行实验研究,得出了无量纲数——雷诺数 Re,以此作为层流与紊流的判别依据,使复杂问题得以简化,如图 14.12 所示。

图 14.13 所示的不同直径柱体在表层着色的水中运动展现的卡门涡街情况。这是另一种显示流场的方法。

三、纹影仪阴影仪显示空气流场概述

纹影仪是根据光线通过不同密度的气体而产生的角偏转来显示其折射率,是一种测量光线微小偏转角的装置。它将流场中密度梯度的变化转变为记录在平面上相对光强的变

化,使可压缩流场中的激波、压缩波等密度变化剧烈的区域成为可观察、可分辨的图像,如图 14.14 所示。这是光学流场显示技术,高校不少实验室里已经在使用。鉴于本科阶段应用少,这里不详细介绍,感兴趣同学可自行查找相关资料介绍。

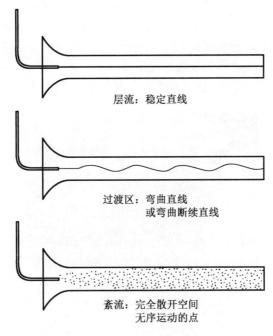

图 14.12　雷诺实验的流态显示

图 14.13　不同直径柱体在表层颜色水中运动产生的涡街

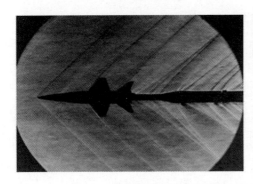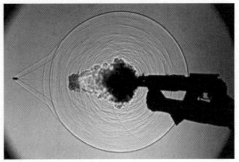

图 14.14　火箭发射及 AK47 步枪射击产生激波场

四、丝线法流场显示方法概述

将丝线、羊毛等纤维粘贴在要观察的模型表面或模型后的网格上,由丝线的运动比如丝线转动、抖动或倒转等,可以判明流场的方向和分离区的位置以及空间涡的位置、转向等。现在又发展到用比丝线更细的尼龙丝,有时细到连肉眼都看不清。将尼龙丝用荧光染料处理后再粘在模型上。这种丝线在紫外线照射下显示出来,并且可以拍摄记录下来。粘丝很细,对模型没有影响,此法称为荧光丝线法。

流态显示还有许许多多方法,并且不断地有新方法在推出。

图14.15 丝线法显示潜艇模型表面流场

第二节　流动演示实验

一、实验目的和要求

1. 通过阅读流动图谱,观看各种流动现象演示,对流体的流动有一个基本认识;

2. 结合第一部分内容,了解流动显示技术的概念及其应用;

3. 观察流体绕流不同形状物体时,各种流态分布情况;

4. 观察水流流经不同形状狭道或绕经不同形状物体时所产生的不同现象,分析能量损失所产生的原因;

5. 对所观察到的现象进行分析,了解压力分布和流线流向的关系,提高解决工程实际问题的能力。

二、实验装置介绍及演示要点

1. 流谱流线显示仪

(1)仪器介绍

流谱流线显示仪如图14.16所示。

流谱流线显示仪采用最先进的电化学法显示流线,用狭缝式流道组成过流面如图14.17所示,流动过程采用封闭自循环形式。水泵开启,工作液体流动并自动染色。该设备主要由流线显示盘、前后罩壳、灯光、小水泵、直流供电装置等部件组成。打开水泵开关10、电源开关12及流速调节阀14,随着流道内工作液体流动,就逐渐会显示出红色与黄色相间

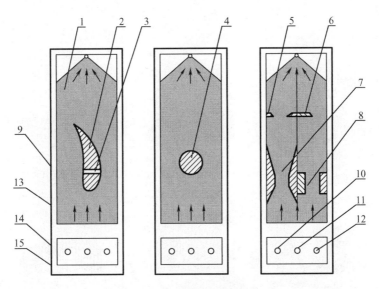

图 14.16　流谱流线显示仪

1—显示盘;2—机翼;3—孔道;4—圆柱;5—孔板;6—闸板;7—文丘里管;8—突扩和突缩;
9—侧板;10—泵开关;11—对比度;12—电源开关;13—电极电压测点;14—流速调节阀;
15—放空阀(14,15 内置于箱内)

的流线,并沿流延伸。流速快慢对流线的清晰度有一定影响。为达到最佳显示效果,流速不宜太快亦不宜太慢,太快流线不清晰,太慢则会造成流线歪扭倾倒,调节流速调节阀 14,一般将流道内流速调节至 0.5 ~ 1.0 m/s,再调节面板上对比度旋钮 11(可从图 14.16 中 13 电极电压测点测得电压值),调节极间电压至合适位置。电压偏低,流线颜色淡,电压偏高,产生氢气泡干扰流场。

(2)演示要点

A 型、B 型、C 型流线显示仪共同特点是流速较慢,都是层流流动,都具有层流流动的一切特点。

1. 层流的运动学特征

(1)质点有规律地做分层流动,无论流动边界如何变化,只要是连续的光顺过渡,流线就绝不会相互掺混,在流动过程中一条流线在另一条流线一侧,它始终在这一侧,不会相交。只要边界条件重复,流动现象可以严格再现。

(2)断面流速按抛物线分布,壁面附近流速可以很低。

(3)运动要素无脉动现象。

(4)运动稳定性,层流流动受到外界干扰时变成不稳定流动,但他会衰减干扰信号,重新变成稳定层流。

2. 层流的动力学特征

(1)流层间无质量传输。

(2)流层间无动量交换。

(3)管流中单位质量的能量损失与流速的一次方成正比。

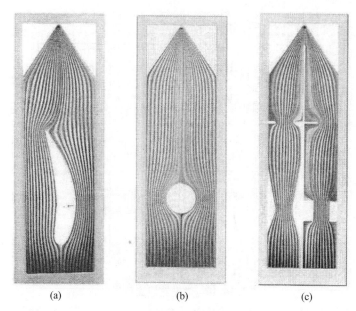

图 14.17　流谱流线显示仪显示的流谱

(a)A 型;(b)B 型;(c)C 型

A 型

演示机翼绕流的流线分布。由图 14.17(a)可见,机翼向天侧(外包线曲率较大)流线较密,由连续方程和能量方程可知,流线密,表明流速大,压强低;而在机翼向地侧,流线较疏,压强较高。这表明整个机翼受到一个向上的合力,该力被称为升力。本仪器采用的构造能显示出升力的方向:在机翼腰部开有沟通两侧的孔道,孔道中有染色电极;在机翼两侧压力差的作用下,必有分流经孔道从向地侧流至向天侧,这可通过孔道中染色电极释放的色素显现出来,染色液体流动的方向,即升力方向;此外,在流道出口端(上端)还可观察到流线汇集到一处,并无交叉,从而验证流线不会重合的特性。

B 型

图 14.17(b)演示圆柱绕流。因为流速很低,约为 0.5~1.0 cm/s,能量损失极小,可忽略,故其流动可视为势流,因此所显示的流谱上下游几乎完全对称。这与圆柱绕流势流理论流谱基本一致;圆柱两侧转捩点趋于重合,零流线(沿圆柱表面的流线)在前驻点分成左右两支,经 90°点($u=u_{\max}$),而后在背滞点处二者又合二为一了。这是由于绕流液体是理想液体(势流必备条件之一),由伯努利方程知,圆柱绕流在前驻点($u=0$)势能最大,90°点($u=u_{\max}$),势能最小,而到达后滞点($u=0$),动能又全转化为势能,势能又最大,故其流线又复原到驻点前的形状。

驻滞点的流线为何可分又可合,这与流线的性质是否矛盾呢? 不矛盾。因为在驻滞点上流速为零,而静止液体中同一点的任意方向都可能是流体的流动方向。然而,当适当增大流速,Re 数增大,流动由势流变成涡流后,流线的对称性就不复存在。此时虽然圆柱上游流谱不变,但下游原合二为一的染色线被分开,尾流出现。由此可知,势流与涡流是性质完全不同的两种流动(涡流流谱参见自循环流动演示仪)。

C型

演示文丘里管、孔板、渐缩和突然扩大、突然缩小、明渠闸板等流段纵剖面上的流谱。图14.17(c)演示是在小 Re 数下进行,液体在流经这些管段时,有扩有缩。由于边界本身亦是一条流线,通过在边界上特布设的电极,该流线亦能得以演示。同上,若适当提高流动的雷诺数,经过一定的流动起始时段后,就会在突然扩大拐角处流线脱离边界,形成旋涡,从而显示实际液体的总体流动图谱。

利用该流线仪,还可说明均匀流、渐变流、急变流的流线特征。如直管段流线平行,为均匀流;文丘里的喉管段,流线的切线大致平行,为渐变流;突缩、突扩处,流线夹角大或曲率大,为急变流。应强调指出,上述三类流线显示仪器,其流道中的流动均为恒定流。因此,所显示的染色线既是流线,又是迹线和色线(脉线)。因为流线的定义是一瞬时的曲线,线上任一点的切线方向与该点的流速方向相同;迹线是某一质点在某一时段内的运动轨迹线;色线是源于同一点的所有质点在同一瞬间的连线。固定在流场的起始段上的电极,所释放的颜色流过显示面后,会自动消色,放色—消色对流谱的显示均无任何干扰。另外应注意的是,由于所显示的流线太稳定,以致有可能被误认为是人工绘制的。为消除此误差,演示时可将泵关闭一下再重新开启,由流线上各质点流动方向变化即可识别。

2. 挂壁式自循环流动显示仪

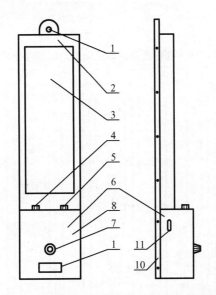

图14.18　挂壁式自循环流动显示仪装置图

1—挂孔;2—彩色有机玻璃面罩;3—不同边界的流动显示面;
4—加水孔盖;5—掺气量调节阀;6—蓄水箱;7—可控硅无级调速旋钮;
8—电器、水泵室;9—标牌;10—铝合金框架后盖;11—水位观测窗

图 14.18 所示仪器以气泡为示踪介质,狭缝流道中设有特定边界流场,用以显示内流、外流、射流元件等多种流动图谱。半封闭状态下的工作液体(水)由水泵驱动自蓄水箱 6 经掺气后流经显示板,形成无数小气泡随水流流动,在仪器内的日光灯照射和显示板的衬托下,小气泡发出明亮的折射光,清楚地显示出小气泡随水流流动的图像。由于气泡的粒径大小、掺气量的多少可由阀 5 任意调节,故能使小气泡相对水流流动具有足够的跟随性。显示板设计成多种不同形状边界的流道,因而该仪器能十分形象、鲜明地显示不同边界流场的迹线、边界层分离、尾流、旋涡等多种流动图谱。

本仪器流动为自循环,其运行流程如图 14.19 所示。操作步骤为打开电源和水泵开关,关闭掺气阀,使显示面两侧下水道充满水然后开掺气阀,旋动调节阀 5,可改变掺气量(ZL – 7 型除外),应注意掺气有滞后性,调节应缓慢,逐次进行,使之达到最佳显示效果。掺气量不宜太大,否则会阻断水流或产生振动。剖面图如图 14.20 所示。

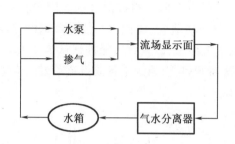

图 14.19 挂壁式自循环流动显示仪运行流程图

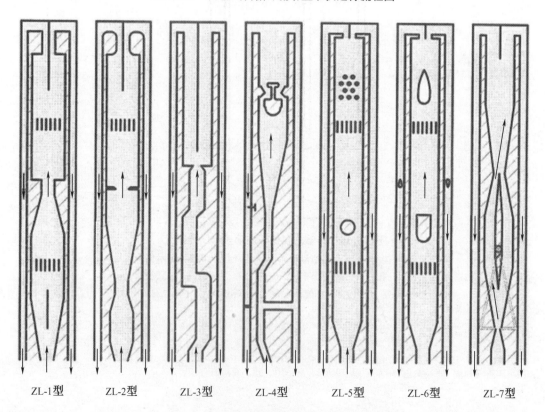

ZL-1型 ZL-2型 ZL-3型 ZL-4型 ZL-5型 ZL-6型 ZL-7型

图 14.20 挂壁式自循环流动显示仪装置图剖面图

（1）ZL－1型

用以显示逐渐扩散、逐渐收缩、突然扩大、突然收缩、壁面冲击、直角弯道等平面上的流动图像,模拟串联管道纵剖面流谱。在逐渐扩散段可看到由边界层分离而形成的旋涡,且靠近上游喉颈处,流速越大,涡旋尺度越小,紊动强度越高;而在逐渐收缩段,无分离,流线均匀收缩,亦无旋涡,由此可知,逐渐扩散段局部水头损失大于逐渐收缩段,如图14.20所示。

在突然扩大段出现较大的旋涡区,而突然收缩只在死角处和收缩断面的进口附近出现较小的旋涡区。表明突扩段比突缩段有较大的局部水头损失(缩扩的直径比大于0.7时例外),而且突缩段的水头损失主要发生在突缩断面后部。这个现象要仔细观察,部分专业有突扩和突缩局部水头损失实验,并要求比较突扩和突缩的能量损失大小及原因。

14.21　文丘里管和孔板流量计流动图

由于本仪器突缩段较短,故其流谱亦可视为直角进口管嘴的流动图像。在管嘴进口附近,流线明显收缩,并有旋涡产生,致使有效过流断面减小,流速增大。从而在收缩断面出现真空。

在直角弯道和壁面冲击段,也有多处旋涡区出现。尤其在弯道流中,流线弯曲更剧,越靠近弯道内侧,流速越小。且近内壁处,出现明显的回流,所形成的回流范围较大,将此与ZL－2型中圆角转弯流动对比,直角弯道旋涡大,回流更加明显。

旋涡的大小和紊动强度与流速有关。这可通过流量调节观察对比,例如流量减小,渐扩段流速较小,其紊动强度也较小,这时可看到在整个扩散段有明显的单个大尺度旋涡。反之,当流量增大时,这种单个尺度旋涡随之破碎,并形成无数个小尺度的旋涡,且流速越高,紊动强度越大,则旋涡越小,可以看到,几乎每一个质点都在其附近激烈地旋转着。又如,在突扩段,也可看到旋涡尺度的变化。据此清楚表明:紊动强度越大,旋涡尺度越少,几乎每一个质点都在其附近激烈地旋转着,因为水质点间的内摩擦越厉害,水头损失就越大。

（2）ZH－2型

显示文丘里流量计、孔板流量计、圆弧进口管嘴流量计以及壁面冲击圆弧形弯道等串联流道纵剖面上的流动图像。

由图14.21显示可见,文丘里流量计的过流顺畅,流线顺直,无边界层分离和旋涡产生。在孔板前,流线逐渐收缩,汇集于孔板的孔口处,只在拐角处有小旋涡出现,孔板后的水流逐渐扩散,并在主流区的周围形成较大的旋涡区。由此可知,孔板流量计的过流阻力较大;圆弧进口管嘴流量计入流顺畅,管嘴过流段上无边界层分离和旋涡产生;在圆形弯道段,边界层分离的现象及分离点明显可见,与直角弯道比较,流线较顺畅,旋涡发生区域较小。

由上可了解三种流量计结构、优缺点及其用途。如孔板流量计结构简单,测量精度高,但水头损失很大。作为流量计损失大是缺点,但有时将其移作他用,例如工程上的孔板消能又是优点,另外从型1或型2的弯道水流观察分析可知,在急变流段测压管水头不按静水压强的规律分布,其原因何在,这有两方面的影响。

①离心惯性力的作用;

②流速分布不均匀(外侧大、内侧小并产生回流)等原因所致。

该演示仪所显示的现象还表征某些工程流程,如下面三例。

a. 板式有压隧道的泄洪消能

如黄河小浪底电站,在有压隧洞中设置了五道孔板式消能工。使泄洪的余能在隧洞中消耗,从而解决了泄洪洞出口缺乏消能条件时的工程问题。其消耗的机理、水流形态及水流和隧洞间的相互作用等,与孔板出流相似。

b. 圆弧形管嘴过流

进口流线顺畅,说明这种管嘴流量系数较大(最大可达 0.98)可将此与 ZL – 1 型的直角管嘴对比观察,理解直角进口管嘴的流量系数较小(约为 0.82)的原因。

c. 喇叭形管道取水口,结合 ZL – 1 型的演示可帮助学生了解为什么喇叭形取水口的水头损失系数较小(约为 0.05 ~ 0.25,而直角形的约为 0.5)。这是由于喇叭形进口符合流线型的要求。

(3)ZL – 3 型

图 14.22 显示 30°弯头、直角圆弧弯头、直角弯头、45°弯头以及非自由射流等流段纵剖面上的流动图像。由显示可见,在每一转弯的后面,都因边界层分离而产生旋涡。转弯角度不同,旋涡大小、形状各异。在圆弧转弯段,流线较顺畅,该串联管道上,还显示局部水头损失叠加影响的图谱。在非自由射流段,射流离开喷口后,不断卷吸周围的流体,形成射流的紊动扩散。在此流段上还可看到射流的"附壁效应"现象。(详细介绍见 ZL – 7 型)

图 14.22 流经各种角度弯头流动图谱

综上所述,该仪器可演示的主要流动现象:

①各种弯道和水头损失的关系。

②短管串联管道局部水头损失的叠加影响。这是计算短管局部水头损失时,各单个局部水头损失之和并不一定等于管道总局部水损失的原因所在。

③非自由射流。据授课对象专业不同可分别侧重于紊动扩散、旋涡形态或射流的附壁效应等。例对水工、河港等专业的学生,可结合河道的冲淤问题加以解说。从该装置的一

半看(以中间导流杆为界),若把导流杆当作一侧河岸,主流沿河岸高速流动。由显示可见,该河岸受到水流的严重冲刷。而主流的外侧,产生大速度回流,使另一侧河岸也受到局部淘刷。在喷嘴附近的回流死角处,因流速小,紊动度小,则出现淤积。这些现象在天然河道里是常有的。又如对热工和化工一类,则可侧重于紊动扩散和介质传输。对暖通专业则可侧重于通风口布置对紊掺均匀度的影响等。

(4)ZL–4 型

图 14.20 显示 30°弯头、分流、合流、45°弯头,YF—溢流阀、闸阀及蝶阀等流段纵剖面上的流动图谱。其中 YF—溢流阀固定,为全开状态,蝶阀活动可调。

由图 14.20 显示可见,在转弯、分流、合流等过流段上,有不同形态的旋涡出现。合流涡旋较为典型,明显干扰主流,使主流受阻,这在工程上称之为"水塞"现象。为避免"水塞",给排水技术要求合流时用 45°三通连接。闸阀半开,尾部旋涡区较大,水头损失也大。蝶阀全开时,过流顺畅,阻力小,半开时,尾涡紊动激烈,表明阻力大且易引起振动。蝶阀通常作检修用,故只允许全开或全关。YF – 溢流阀结构和流态均较复杂,详如下所述。

YF – 溢流阀广泛用于液压传动系统。其流动介质通常是油,阀门前后压差可高达 315 MPa,阀道处的流速每秒可高达 200 多米。本装置流动介质是水,为了与实际阀门的流动相似(雷诺数相同),在阀门前加减压分流装置,该装置能十分清晰地显示阀门前后的流动形态:高速流体经阀口喷出后,在阀芯的大反弧段发生边界层分离,出现一圈旋涡带;在射流和阀座的出口处,也产生一较大的旋涡环带。在阀后,尾迹区大而复杂,并有随机的卡门涡街产生。经阀芯芯部流过的小股流体也在尾迹区产生不规则的左右扰动。调节过流量,旋涡的形态基本不变,表明在相当大的雷诺数范围内,旋涡基本稳定。

该阀门在工作中,由于旋涡带的存在,必然会产生较激烈的振动,尤其是阀芯反弧段上的旋涡带,影响更大。由于高速紊动流体的随机脉动,引起旋涡区真空度的脉动,这一脉动压力直接作用在阀芯上,引起阀芯的振动,而阀芯的振动又作用于流体的脉动和旋涡区的压力脉动,因而引起阀芯的更激烈振动。显然这是一个很重要的振源,而且这一旋涡环带还可能引起阀芯的空蚀破坏。另外,显示还表明,阀芯的受力情况也不太好。

(5)ZL–5 型

显示明渠逐渐扩散,单圆柱绕流、多圆柱绕流及直角弯道等流段的流动图像。圆柱绕流是该型演示仪的特征流谱。

由显示可见,单圆柱绕流时的边界层分离状况,分离点位置、卡门涡街的产生与发展过程以及多圆柱绕流时的流体混合、扩散、组合旋涡等流谱,现分述如下:

①滞止点

观察流经前驻滞点的小气泡,可见流速的变化由 $v_0 \to 0 \to v_{max}$,流动在滞止点上明显停滞(可结合说明能量的转化及毕托管测速原理)。

②边界层分离

结合显示图谱,说明边界层、转捩点概念并观察边界层分离现象,边界层分离后的回流形态以及圆柱绕流转捩点的位置。

边界层分离将引起较大的能量损失。结合渐扩段的边界层分离现象,还可说明边界层分离后会产生局部低压,以致于有可能出现空化和空蚀破坏现象,如文氏管喉管出口处。

③卡门涡街

圆柱的轴与来流方向垂直。在圆柱的两个对称点上产生边界层分离后,不断交替在两侧产生旋转方向相反的旋涡,并流向下游,形成冯·卡门"涡街"。

对卡门涡街的研究,在工程实际中有很重要的意义。每当一个旋涡脱离开柱体时,根据汤姆逊(Thomson)环量不变定理,必须在柱体上产生一个与旋涡具有的环量大小相等方向相反的环量,由于这个环量使绕流体产生横向力,即升力。注意到在柱体的两侧交替地产生着旋转方向相反的旋涡,因此柱体上的环量的符号交替变化,横向力的方向也交替地变化。这样就使柱体产生了一定频率的横向振动。若该频率接近柱体的自振频率,就可能产生共振,为此常采取一些工程措施加以解决。

应用方面,可举卡门涡街流量计,参照流动图谱加以说明。从圆柱绕流的图谱可见(见图 14.23),卡门涡街的频率不仅与 Re 有关,也与管流的过流量有关。若在绕流柱上,过圆心打一与来流方向相垂直的通道,在通道中装设热丝等感应测量元件,则可测得由于交变升力引起的流速脉动频率,根据频率就可测量管道的流量。卡门涡街引起的振动及其实例:观察涡街现象,说明升力产生的原理。绕流体为何会产生振动以及为什么振动方向与来流方向相垂直等问题,都能通过对该图谱观测分析迎刃而解。如风吹电线,电线会发出共鸣(风振);潜艇在行进中,潜望镜会发生振动,高层建筑(高烟囱等)在大风中会发生振动等,均受卡门涡街现象影响。其他仪器展示的卡门涡街如图 14.24 所示。

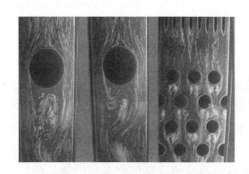

图 14.23　绕流圆柱及柱群流动图谱

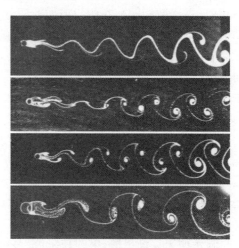

图 14.24 其他仪器展示的卡门涡街

④多圆柱绕流

它被广泛用于热工中的传热系统的"冷凝器"及其他工业管道的热交换器等,流体流经圆柱时,边界层内的流体和柱体发生热交换,柱体后的旋涡则起混掺作用,然后流经下一柱体,再交换再混掺,换热效果较佳。另外,对于高层建筑群,也有类似的流动图像,即当高层建筑群承受大风袭击时,建筑物周围也会出现复杂的风向和组合气旋,即使在独立的高建筑物下游附近,也会出现分离和尾流。这应引起建筑师的重视。

(6)ZL－6 型

显示明渠渐扩,桥墩形钝体绕流,流线体绕流,直角弯道和正、反流线体绕流等流段上的流动图谱。

①桥墩形柱体绕流

该绕流体为圆头方尾的钝形体,水流脱离桥墩后,形成一个旋涡区－尾流,如图 14.25

所示,在尾流区两侧产生旋向相反且不断交替的旋涡,即卡门涡街。与圆柱绕流不同的是,该涡街的频率具有较明显的随机性。

图 14.25　绕流机翼和桥墩式钝体图谱

②该图谱主要作用

a. 说明了非圆柱体绕流也会产生卡门涡街;

b. 观察圆柱绕流和该钝体绕流可见前者涡街频率 f 在 Re 不变时也不变;而后者,即使 Re 不变 f 却随机变化。由此说明了为什么圆柱绕流频率可由公式计算,而非圆柱绕流频率一般不能计算的原因。

③解决绕流体的振动问题途径

a. 改变流速;

b. 改变绕流体自振频率;

c. 改变绕流体结构形式,以破坏涡街的固定频率,避免共振。如北大力学系曾据此成功地解决了一例 120 m 烟囱的风振问题。其措施是在烟囱的外表加了几道螺纹形突体,从而破坏了圆柱绕流时的卡门涡街的结构并改变了它的频率,结果消除了风振。

流线型柱体绕流,这是绕流体的最好形式,流动顺畅,形体阻力最小,又从正、反流线体的对比流动可见,当流线体倒置时,也现出卡门涡街。因此,为使过流平稳,应采用顺流而放的圆头尖尾形柱体。

(7)ZL－7 型

这是一只"双稳放大射流阀"流动原理显示仪。经喷嘴喷射出的射流(大信号)可附于任一侧面,若先附于左壁,射流经左通道后,向右出口输出;当旋转仪器表面控制圆盘,使左气道与圆盘气孔相通时(通大气),因射流获得左侧的控制流(小信号),射流便切换至右壁,流体从左出口输出。这时若再转动控制圆盘,切断气流,射流稳定于原通道不变。如要使射流再切换回来,只要再转动控制圆盘,使右气道与圆盘气孔相通即可。因此,该装置既是一个射流阀,又是一个双稳射流控制元件。只要给一个小信号(气流),便能输出一个大信号(射流),并能把脉冲小信号保持记忆下来。

由演示所见的射流附壁现象,又被称作"附壁效应"。利用附壁效应可制成"或门""非门""或非门"等各种射流元件,并可把它们组成自动控制系统或自动检测系统。由于射流元件不受外界电磁干扰,较之电子自控元件有其独特的优点。故在军工方面也有它的用途。1962 年在浙江嘉兴二万二千米高空被军用导弹击落的入侵我国领空的美制 U-2 型高空侦察机,所用的自控系统就由这种射流元件组成。

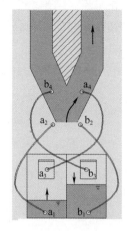

图 14.26　射流元件示意图
上半图为双稳放大射流
阀下半图为双水箱容器

作为射流元件在自动控制中的应用示例,ZL-7 型还配置了液位自动控制装置,图14.26所示通道自动向左水箱加水状态。左右水箱的最高水位由溢流板(中板)控制,最低水位由 a_1 和 b_1 的位置自动控制。其原理是:水泵启动,本仪器流道喉管 a_2 和 b_2 处由于过流断面较小,流速过大,形成真空,在水箱水位升高后产生溢流,喉管 a_2 和 b_2 处所承受的外压保持恒定。当仪器运行到如图 5 状态时,右水箱水位因 b_2 处真空作用下抽吸而下降,当液位降到 b_1 小孔高程时,气流则经 b_1 进入 b_2 处升压(a_2 处压力不变),使射流切换到另一流道即 a_2 一侧,b_2 处进气造成 a_4 和 a_3 间断流,a_3 出口处的薄膜逆止阀关闭,而 b_4—b_3 过流,b_3 出口处的薄膜逆止阀打开,右水箱加水。其过程与左水箱加水相同,如此往复循环,十分形象地层示了射流元件自动控制液位的过程。a_1,b_1,a_3,b_3 容器后壁小孔分别是与孔 a_2,b_2 及毕托管取水嘴 a_4,b_4 连通。

射流元件在其他工控中亦有广泛应用。从中可让同学进一步了解流体力学应用领域之广泛性。既可培养学习兴趣又能得到启迪。这种装置在连续流中可利用工作介质直接控制液位。操作中还须注意,开机后需等 1~2 min,待流道气体排净后再实验,否则仪器将不能正常工作。

第十五章　水平型循环水槽概述

一、循环水槽概述

从事流体力学及船舶与海洋工程等相关专业的科技工作者,没有人不希望有一个连续可调、简单易操控的稳定流场,来进行流体力学基础研究和应用研究。循环水槽就是提供这样实验条件的一种最理想设备。它的工作原理是水在槽内连续运动,模型在稳定流场中固定,形成相对运动,和拖曳水池运动形式刚好相反。可以进行流体力学基础实验研究、船舶与海洋工程实验研究、港航水利及渔业等实验研究。它造价相对低廉,操作简单,即使一人也可以使用,易于维护。缺点是尺度相对水池小,流场品质,阻滞等问题,这些年人们用标模修正的方法解决了其部分不足。

二、循环水槽的组成

循环水槽有许多种类,有立式的、卧式的、水平型的,本书介绍最通用的水平型循环水槽,如图 15.1 所示。

1. 水平型循环水槽的组成部分

循环水槽本体结构由工作段、动力段、发散段、稳压段、收缩段、收水段组成。外部配套有动力驱动及电控系统、流速测量系统、水过滤系统、吸排气系统、工作段平面悬臂吊车、工作段模型固定架转盘及专用夹具等。

2. 循环水槽各部分设计考虑事项

循环水槽设计是一项技术含量很高的工作,涉及许多方面技术和经验。随着循环水槽数量的增加,优秀水槽也会增加许多,这为母型法设计提供越来越多的参照母型,使设计工作变得相对规范和可靠。感兴趣的同学可以借阅循环水槽设计相关的书籍和文献资料。

（1）工作段

就是安装布放实验模型的段,对工作段最基本的要求是水面平稳、无波动及截面流速分布均匀,一句话就是流场均匀稳定。工作段的尺寸及流场主体指标决定了整个水槽的主体尺寸,动力最低配置及总造价。水平型循环水槽工作段一般为长方体,工作段截面为矩形,根据拟实验模型尺寸,参考同类水槽来确定以下参数,即

$$L/l = K_1 , B/b = K_2 , T/t = K_3$$

式中　L,B,T——水槽工作段长、宽和水深;

　　　l,b,t——实验模型长宽和吃水。

这样根据拟实验模型的主尺度及母型水槽比例系数 K_1,K_2,K_3,就可以求得水槽工作段主尺度。

（2）收缩段

使水流均匀加速至试验段所需流速,降低湍流度并使之不产生分离,这是设计收缩段的出发点。因而需要正确选定收缩比 n、收缩段曲线及收缩段长度。据风洞建造经验、同类循环水槽参数,收缩比一般取 4~9,国内水槽收缩比 2~4,国外水槽收缩比 3~9。

（3）动力段

动力段包括直流驱动电机、涵道、涵道内美人架、车叶、传动轴、导流桨箍。主要功能驱动水体运动,在工作段形成流场。

（4）发散段

发散段也叫扩散段。在轴流泵后边,一般流速很大,能量损失也大,扩散段的作用就是把水流的动能变为压能,既能降低能量损失,又有利于水流稳定。扩散段的扩散角一般在5°左右为宜,最大不超过8°,如果扩散角过大,水流和壁面发生分离,产生漩涡,旋涡有可能流经整个回路而进入实验段,使实验段流场发生紊乱,也会使能量损失增大。

（5）稳压段

它的作用是使水流进入收缩段之前有足够的时间来调整水流的均匀性和湍流度,使进入收缩段之前的水流力求平直均匀,稳流段装有整流装置,包括整流网、蜂窝器,水流经过这些装置后,把大的漩涡分割成极小的漩涡,使紊流因素衰减下来,这里横截面积最大,腔体体积最大,所以压力也相对更稳定,为收缩段和工作段产生高质量流场提供条件。

（6）收水段

它的主要功能是把经过工作段的水导引回动力段。

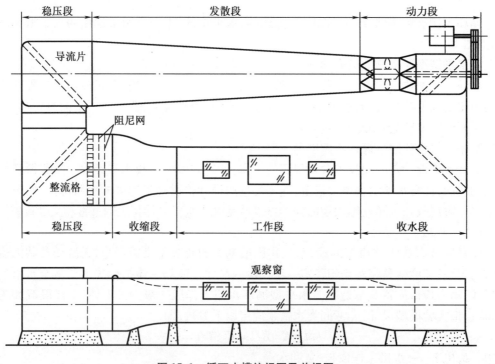

图 15.1　循环水槽俯视图及前视图

三、循环水槽配套设施

1. 调速系统。调速系统有直流调速系统和交流调速系统,直流系统精度稳定性更高、更可靠。

2. 测流速系统。测流速系统包括毕托管、压力变送器、数据处理表头等。往往调速系统和测流速系统构成互相反馈参照。

3. 数据采集处理系统。其包括测力太平、应变仪、A/D 采集板、计算机及对应软件。

4. 模型固定转盘及其他夹具。

5. 起吊设备。一般采用回转式吊车,如图 15.2 所示。

6. 过滤系统及吸气系统。包括过滤系统和吸气系统。过滤系统通过定期过滤确保水质清亮透明。

吸气系统能排除水槽运行过程中淤积的气体,确保流体压力连续传递,流场稳定。

7. 造波机系统。有的水槽还配备冲箱式造波机及电容式波高仪。该系统易于分离拆卸。

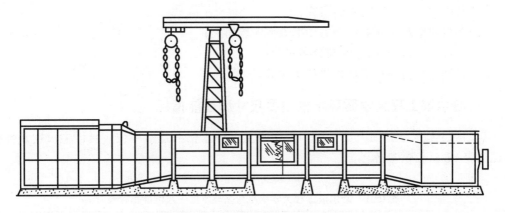

图 15.2　循环水槽中央的回转吊车

四、可利用循环水槽做的系列实验

1. 基础流体力学实验

(1)舵等翼型升力及阻力实验;

(2)流场中柱体、翼型及不规则物体表面压力分布测量;

(3)平板阻力测试研究;

(4)边界层实验研究;

(5)圆柱体窝激振动实验研究;

(6)各种物体的流场测试及流谱观察,如船体尾迹流、伴流、旋转体尾流等测试。

2. 船舶流体力学实验

(1)船舶阻力实验;

(2)螺旋桨及舵的敞水实验;

(3)各种推力器的推力实验;

(4)船舶及潜艇的操纵性实验;

(5)船模周围流场的显示;

(6)船模周围流速分布测量;

(7)船模任意角度多分力测量;

(8)有关船舶岸吸、底吸、船吸等性能实验;

(9)水下机器人的各种分项实验;

（10）波浪流联合作用实验；

（11）气膜减阻实验；

（12）新型推进仿生实验研究；

（13）海洋钻井平台桩腿水力学实验；

（14）波流联合作用实验；

（15）明轮实验研究；

（16）水声拖缆水动力实验；

（17）水下航行体稳定性实验。

3. 节能环保新能源方面应用

（1）新材料涂料的减阻实验研究；

（2）各种风电水电翼型水动力功率效率实验研究；

（3）环保方面,污水的掺混与分离实验；

（4）鱼类运动特性跟踪及相关仿生实验。

五、哈尔滨工程大学循环水槽主要尺寸和性能指标

哈尔滨工程大学是国内第一座中型水平型循环水槽的建造单位。具体主尺度及性能指标见表 15.1,仅供参考。

表 15.1　哈尔滨工程大学水平型循环水槽主尺性能指标表

建造年份	1979.10—1982.08
形式	水平式
主尺度	17.3 m×6.0 m×2.88 m
工作段尺度	7.0 m×1.7 m×1.5 m
最大流带	2 m/s
常用流速	0.3~1.6 m/s
需水量	120 t
曹体结构	钢结构、分十段焊接组装,外板厚 8 mm,动力段 16 mm,其余 6 mm
观察窗	侧面底部共计 9 块,最大尺寸 1 500 mm×1 000 mm×19 mm 普通玻璃
过滤设备	过滤罐循环过滤,过滤速度 7 t/h
吸排气装置	真空泵抽吸式
抑波板	宽 600 mm,厚 15 mm 塑料板制成锯齿形状
蜂窝器	方孔尺寸 60 mm×60 mm、长 300 mm,1 mm 厚玻璃钢板站结
阻尼网	8 目、直径 0.5 mm 不锈钢丝网,共 2 层
起吊设备	起吊能力 1 t,回转半径 4.5 m
水泵	形式涵道式轴流泵,叶型 Aa－55－4 盘面比 0.55,螺距比 1.2,直径 1.3 m,叶数 4,材质锰黄铜
主电机	直流 40 kW,600 min/r
调速装置	可控硅连续可调
传动方式	五根三角皮带传动

第十六章　实验数据处理与误差分析

用各种方法测量力、位移、速度等物理量时,都不可避免地存在实验误差。为了有效地控制和尽可能减小误差,正确地表达实验结果并估计其可靠程度,就需要掌握误差分析和数据处理方面的知识。

第一节　基 本 概 念

一、真值、实验值、理论值和误差

1. 真值

真值是客观存在的某个物理量的真实值,如实际存在的力、位移、长度等。实验的目的就是获得某物理量的真值,然而由于仪器、方法、环境和人的观察能力都不可能绝对完善,所以严格地说,真值是无法测得的,我们只能测得真值的某个近似值。

2. 实验值

实验值是用实验方法测得的某个物理量的数值,如用测力计测得的某构件所受的力。

3. 理论值

理论值是用理论公式计算得到的某个物理量的数值。

4. 误差

其计算公式为

$$实验误差 = 实验值 - 真值$$
$$理论误差 = 理论值 - 真值$$

这里只讨论实验误差并简称误差。

二、实验误差的分类

根据误差的性质及产生的原因可分为三类:

1. 系统误差

它是由某些恒定因素引起的误差,所以又叫恒定误差。它对测量值的影响总是同一偏向或相近大小。

系统误差的产生原因往往是:

(1)所用仪器未经校准、刻度值偏大或偏小、砝码未经校准;

(2)周围环境改变,如外界温度、湿度、压力、电磁场等;

(3)实验者主观因素的影响,如仪器没有准确地调试,实验者的不良习惯造成读数偏大、偏小等;

(4)实验理论、方法不完善(方法误差),例如由于实验总是在一定理论指导下进行的,当所依据的理论不同,或量测、数据处理方法的不同时,也会造成系统误差。

可见系统误差可通过对仪器的校正、改善工作条件、改进量测方法、严格操作,或对实验结果进行修正等方法来减小和消除。这是实验工作者的重要任务。

2. 随机误差

在消除了系统误差之后,我们在同一条件下,对同一对象进行多次测量时,每次测得的结果之间仍会出现一些随机性的微小差别,这种误差称为随机误差。它是由不易控制的多种因素造成的,没有固定大小和偏向,但它服从统计规律。所谓误差理论就是研究随机误差规律的科学。

3. 过失误差

它是指由于实验者人为的过失而引起的明显不符合实际的误差,可能是由于粗心大意、或者过度疲劳、或者操作错误等原因所致。例如:读错仪表读数、忘记了某种调节、记错了数据等。通过实验者的主观努力(认真负责、正确操作、加强校对)过失误差可以避免。

三、准确度和精密度

准确度是指测量值与真值接近的程度。精密度是指多次测量同一对象所得数据的重复程度或者说是趋于某一中心的集中程度。

一个打靶的例子可帮助建立直观的概念。图 16.1 表示三名射击者的打靶成绩,图16.1(b)的射击精度很好、弹孔很集中可惜准确度不够。

  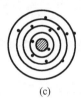

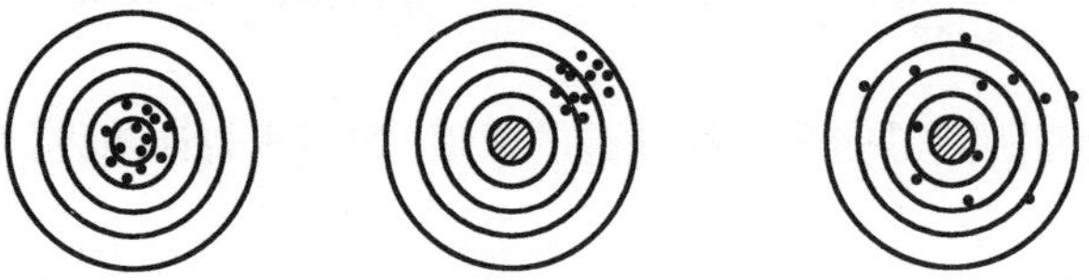

(a)　　　　　　(b)　　　　　　(c)

图 16.1　打靶成绩

图 16.1(c)的成绩最差,精密度既不高,准确度也很差,只有(a)的成绩好,精密度和准确度都高。

图 16.1(b)的精密度高,重复性好,表明偶然误差小,但存在某种系统误差未被发觉,或者由于枪的准星没有校正(属于仪器未经校准的原因),或者对风向和风速估计不对(属环境影响),也可能是由于瞄准或射击要领不正确(属于个人习惯与偏向)。此例说明,一组精密度高的测量可能因其存在较大的系统误差而造成准确度不一定高;而一组准确度高的测量除了要保证其系统误差小以外,其精密度也必须要高。

第二节　测量仪表的分类和误差

一、仪表的基本组成和分类

凡是用来直接或间接将被测量的物理量和测量单位做比较的设备就称为测量仪器或仪表,测量仪表一般由测量、传送和显示等三个基本部分组成。测量部分一般与被测物理量直接接触,并起到被测参数信号能量形式的转换作用,有时把测量部分称为一次仪表。传送部分大多数仅起信号能量的传送作用。显示部分起到被测参数信号能量的转换作用,以便显示被测参数的数值。测量仪表的显示形式有指示、记录、累计计算、远传变送以及上下限报警等,有时把显示部分称为二次仪表(通常指通用性的电子仪表)。

1. 测量仪表按测量和显示的不同分类

(1)指示式仪表——如 U 形管压力计、弹簧管压力计、水银温度计等。

(2)比较式仪表——如三分力天平、活塞式压力计、电位差计等。

(3)自动记录式仪表——如自动记录压力计、流量计等。

(4)积算式仪表——如流速式及容积式的流量计、水表、煤气表等。

(5)调节式仪表——在一些附加设备的辅助下,仪表可以根据被测数量的给定值来自动地调节生产过程。

2. 测量仪表按其所起作用分类

(1)范型仪表(标准表)——用以复制或检验其他工作仪表。

(2)实用仪表(实用表)——供实际测量之用,它又可分为实验室用和工程用两种。

此外,还可将测量仪表分为模拟式仪表和数字式仪表两种类型。模拟式仪表常用位移和转动角度等来直接显示被测参数的大小,测量值的末位数字是由测量人员估计的。而数字式仪表显示的指示值全部是确定的数字,读数不会因人而异。数字式仪表是新型测量仪表,仪表精度等级较高。尤其是数字式电子仪表,测量结果的有效数字可达 4 ~ 8 位,这是一般模拟式仪表很难达到的。

二、仪表的误差和精度等级

任何测量过程都存在测量误差。应用测量仪表对物理量进行测量时,不仅需要知道仪表表盘上的指示值,而且还应知道测量仪表的精确度,即所得测量值接近真实值的准确程度,以便估计测量值的误差大小。测量仪表的误差表示仪表的指示值与被测量物理量的真实值之间可能的最大差别,一般用相对百分误差 δ 表示,δ 称为仪表的基本误差。

$$\delta = \frac{\Delta A_{max}}{A_{max} - A_{min}} \qquad (16 - 1)$$

式中　A_{max}——仪表指示盘的上限值;

　　　A_{min}——仪表指示盘的下限值;

　　　ΔA_{max}——$A_x - A$;

　　　A_x——被测物理量的真实值;

　　　A——仪表指示值。

由于真实值 A_x 无法求得,因而通常是用标准仪表校验较低级的仪表,而将标准仪表的指示值作为被测量的真实值。因此,ΔA_{max} 就表示被校仪表与标准表之间的最大绝对误差,它可能出现在仪表表盘上的任何一点处。

为了保证仪表实际测量精度和安全使用,一般建议在选用仪表时,应保证仪表工作在表盘刻度的 $\frac{1}{3} \sim \frac{1}{2}$ 处(对压力表),或表盘刻度的 $\frac{2}{3} \sim \frac{3}{4}$ 处(对其他而言)。

测量仪表的精度等级是按国家统一规定允许的误差大小分成几个等级,把基本误差中的百分数去掉,剩下的数字就称为仪表的精度等级。仪表的精度等级常以圆圈内的数字标明在仪表的面板上,例如,某台压力计的误差为 1.5% ,这台压力计的精度等级就为 1.5 级,用 ⑴⑸ 表示,通常简称为 1.5 级仪表。压力计的精度等级有 0.005 , 0.02 , 0.05 , 0.1 , 0.2 ,

0.35,0.5,1.0,1.5,2.5,4.0 等。

工业仪表的精度等级在 1.0 ~ 4.0 之间,实验室校准用的标准仪表的精度等级还要高一些,通常在 0.35 级以上。为了保证仪表的测量精度,采用标准仪表校验实验室仪表或工业仪表时,标准仪表的精度等级应比被校仪表的精度等级高 1 ~ 2 级。

三、仪表的机械滞后与非线性误差

用标准仪表校验被校仪表时,可能出现两种情况:

一种是仪表指针从低于该刻度点逐渐上升至该刻度点(即正行程),另一种情况是仪表指针从高于该刻度点逐渐下降至该刻度点(即反行程)。在这两种情况下,虽然标准仪表的指示值保持在同一数值,但被校仪表的指示值是不会完全一样的。在外界条件不变情况下,使用同一仪表测量同一物理量,正反行程中的仪表指示值之差就称为该仪表的机械滞后。仪表的机械滞后大小用百分数表示,即

$$机械滞后 = \frac{|A_{正} - A_{负}|_{max}}{A_{max} - A_{min}} \qquad (16-2)$$

式中,$|A_{正} - A_{负}|_{max}$ 为正反行程中仪表示数的最大差值,它可能出现在仪表表盘上的任意一点处。

造成仪表机械滞后的原因很多,例如传动机构的间隙,运动元件的摩擦,弹性元件的弹性滞后的影响等。按照规定,仪表的机械滞后不允许超过仪表的基本误差。

对于理论上具有线性刻度特性的测量仪表,往往会由于各种因素的影响,使得仪表的实际特性偏离其理论上的线性特性。非线性误差就是衡量偏离线性程度的指标,它取实际值与理论值之间的绝对误差最大值 $\Delta A'_{max}$ 和仪表测量范围之比的百分数表示,即

$$非线性误差 = \frac{\Delta A'_{max}}{A_{max} - A_{min}} \times 100\% \qquad (16-3)$$

非线性误差也可能出现在仪表表盘的任何一点处。按照规定,仪表的非线性误差不允许超过仪表的基本误差。

四、仪表的附加误差

仪表的基本误差是在规定的条件下,例如环境温度为 30 ℃,空气的相对湿度为 80%,标准大气压以及一定的供电电压和频率等,通过与标准仪表相比较而确定的。如果仪表的使用条件与规定条件不同,则仪表的指示值中,相对于原有的基本误差以外,还会引入一附加误差。一般在仪表说明书上都注明了该仪表的正常工作条件,以及在不同的工作条件下应引入的附加误差是多少,使用仪表时必须注意这一点。

第三节　系统误差的消除

一、系统误差的特征

在同一条件下,多次测量同一量值时,误差的绝对值和符号保持不变,或者在条件改变时,误差按一定的规律变化,故多次测量同一量值时,系统误差不具有抵偿性,这是系统误差与随机误差的本质区别。所说的系统误差的规律性是有确定的前提条件的,研究系统误

差的规律性应首先注意这一前提条件。

系统误差的不同情况如图 16.2 所示,图中:

①曲线 a 为不变的系统误差;

②曲线 b 为线性变化的系统误差;

③曲线 c 为非线性变化的系统误差;

④曲线 d 为周期性变化的系统误差;

⑤曲线 e 为复杂规律的系统误差。

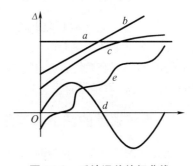

图 16.2　系统误差特征曲线

1. 不变的系统误差

在整个测量过程中,误差符号和大小固定不变的系统误差,称为不变的系统误差。例如某量块的公称尺寸 10 mm,实际尺寸 10.001 mm,误差为 - 0.001 mm,若按公称尺寸使用,始终会存在 - 0.001 mm 的系统误差。

2. 线性变化的系统误差

在整个测量过程中,随着测量值或时间的变化,误差值是成比例地增大或减小,称为线性变化的系统误差。例如,千分尺测微螺杆的螺距累积误差和长刻度尺的刻度累积误差,就具有线性系统误差的性质。

3. 多项式变化的系统误差

非线性的系统误差可用多项式来描述它的非线性关系。

例如:电阻与温度的关系为

$$R_t = R_{20} + \alpha(t - 20) + \beta(t - 20)^2$$

式中　R_t——温度为 t 时的电阻;

R_{20}——温度为 20 ℃时的电阻;

α——电阻的一次温度系数;

β——电阻的二次温度系数。

若以 R_{20} 来代替 R_t,则所产生的电阻误差

$$\Delta R = \alpha(t - 20) + \beta(t - 20)^2 \tag{16 - 4}$$

误差曲线为一抛物线(随温度变化的)。

4. 周期性变化的系统误差

在整个测量过程中,若随着测量值或时间的变化,误差是按周期性规律变化的,称为周期性变化的系统误差。例如,仪表指针的旋转中心与刻度盘中心有偏心,则指针在任一转角引起的读数误差即为周期性系统误差,即

$$d\delta = e\sin \Phi \tag{16 - 5}$$

此误差的变化规律符合正弦曲线,指针在 0° 和 180° 时误差为零,而在 90°和 270°时误差最大,误差值为 $\pm e$。

这一规律的前提是按顺时针或逆时针的顺次考察,否则测量误差将不具有这一规律性。

5. 复杂规律变化的系统误差

在整个测量过程中,若误差是按确定的且复杂规律变化的,叫作复杂规律变化的系统误差。例如,微安表的指针偏转角与偏转力矩不能严格保持线性关系,而表盘仍采用均匀刻度所产生的误差等。

二、系统误差对测量结果的影响

恒定系统误差在数据处理中只影响算术平均值,而不影响残差及标准差,所以除了要设法找出该恒定系统误差的大小和符号,对其算术平均值加以修正外,不会影响其他数据处理的过程。可变系统误差由于它对算术平均值和残差均产生影响,所以应在处理测量数据的过程中,必须要同时设法找出该误差的变化规律,进而消除其对测量结果的影响。

三、系统误差的减小和消除

在实际测量中,如果判断出有系统误差存在,就必须进一步分析可能产生系统误差的因素,想方设法减小和消除系统误差。由于测量方法、测量对象、测量环境及测量人员不尽相同,因而没有一个普遍适用的方法来减小或消除系统误差。下面简单介绍几种减小和消除系统误差的方法和途径。

1. 从产生系统误差的根源上消除

从产生系统误差的根源上消除误差是最根本的方法,通过对实验过程中的各个环节进行认真仔细分析,发现产生系统误差的各种因素。可以从下面几个方面采取措施从根源上消除或减小误差:采用近似性较好又比较切合实际的理论公式,尽可能满足理论公式所要求的实验条件;选用能满足测量误差所要求的实验仪器装置,严格保证仪器设备所要求的测量条件;采用多人合作,重复实验的方法。

2. 引入修正项消除系统误差

通过预先对仪器设备将要产生的系统误差进行分析计算,找出误差规律,从而找出修正公式或修正值,对测量结果进行修正。

3. 采用能消除系统误差的方法进行测量

对于某种固定的或有规律变化的系统误差,可以采用交换法、抵消法、补偿法、对称测量法、半周期偶数次测量法等特殊方法进行清除。采用什么方法要根据具体的实验情况及实验者的经验来决定。无论采用哪种方法都不可能完全将系统误差消除,只要将系统误差减小到测量误差要求允许的范围内,或者系统误差对测量结果的影响小到可以忽略不计,就可以认为系统误差已被消除。

4. 消除定值系统误差的测量方法

(1)代替法

实质是在测量装置上对被测物理量测试后不改变测量条件,立即用一个标准量代替被测量,放到测量装置上再进行测量,从而求得被测量与标准量的差值,即

$$被测量 = 标准量 + 差值$$

(2)相消法

某些系统误差对测量结果的影响具有方向性,进行两次测量,使出现的系统误差大小相等,符号相反,取两次测量的平均值,作为测量结果,可消除系统误差。

【例16.1】 在工具显微镜上测量螺纹中径。由于被测螺纹轴线与工作台纵向移动方向不一致,即螺纹移动方向与螺纹轴线有一夹角 α,当按螺纹牙廓的一侧测量时,所得的测量值 d_{21} 将包含系统误差 $+\Delta$。当按螺纹牙廓另一侧测量时,所得的测量值 d_{22} 将包含系统误差 $-\Delta$。取两次测得值的算术平均值作为测量结果,便可消除由于被测螺纹轴线与工作台纵向移动方向不一致所引起的误差,即:

$$\frac{d_{21} + d_{22}}{2} = \frac{d_2 + \Delta + d_2 - \Delta}{2} = d_2 \qquad (16-6)$$

（3）交换法

将测量中的某些条件,如被测物的位置等,相互交换使得所产生的定值系统误差对测量结果起着相反的影响,从而相互抵消。

图为等臂天平称量重物 x,先将重物 x 放在左边,砝码 P 放在右边,使天平处于平衡。则有

$$x = \frac{L_2}{L_1} P \qquad (16-7)$$

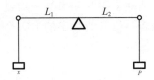

图 16.3 天平

然后交换位置,重物 x 放在右边,砝码放在左边,使天平处于平衡时,砝码质量为 P',则有

$$p' = \frac{L_2}{L_1} x \qquad (16-8)$$

由于等臂天平的两臂 $L_1 \neq L_2$,产生了系统误差,因此有

$$P \neq x \neq P'$$

则取:$x = \sqrt{PP'}$,即可消除由于不等臂而产生的系统误差。

5. 线性系统误差的消除——对称测量法

测量时所产生的系统误差的大小与测量时间（或测量次数）成线性关系,如图 16.4 所示。若以某一时刻（t_4）为中点,则对称于此点的对称点系统误差的算术平均值必定相等,即

$$\frac{\delta_1 + \delta_7}{2} = \frac{\delta_2 + \delta_6}{2} = \frac{\delta_3 + \delta_5}{2} = \delta_4 \qquad (16-9)$$

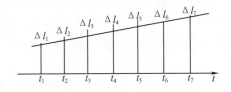

图 16.4 系统误差与测量时间的线性关系

根据这一性质,我们可以采用所谓"对称测量法"来消除线性系统误差。

6. 周期性系统误差的消除——半周期偶数观测法

周期性系统误差通常可以表示为周期函数,如正弦函数、余弦函数等。例如测角仪器的度盘安装偏心,指针式仪表的指针的旋转中心和刻度盘的刻度中心不重合等所引起的测量读数误差就属于周期性系统误差。设:偏心误差为 α,度盘或指针的转角为 φ,则测量误差为

$$\delta = \alpha \sin \varphi \qquad (16-10)$$

此周期性系统误差 ε 的变化周期为 2π,当 $\varphi = \varphi_0$（任意角）时,有

$$\delta_0 = \alpha \sin \varphi_0$$

当 $\varphi = \varphi_0 + \pi$ 时,则有

$$\delta = \alpha \sin(\varphi_0 + \pi) = -\alpha \sin \varphi_0$$

显然取其算术平均值,则有

$$\bar{\delta} = \frac{\delta + \delta_0}{2} = 0 \qquad (16-11)$$

可见,消除周期性系统误差只要先读取一个读数 δ_0,然后相隔半个周期再读一个读数,取其平均值作为观测值,即可消除周期误差,此法称为半周期偶数观测法,对测角仪器,亦

称为对径观测法（对径读数），因此可在度盘直径两端分别安装一个读数显微镜进行读数。

四、系统误差已消除的准则

不论采用何种方法，也不论进行多少次的测定，我们不可能把系统误差完全消除，还会有残余的系统误差。那么这个残余小到什么程度才能略去不计呢？即可以判定系统误差已消除了呢？如果某一项或几项系统误差的代数和的绝对值 δ_x，不超过总误差绝对值 Δ_x 的最后一位有效数字的 1/2 个单位，那么根据四舍五入的原则，可将 $|\delta_x|$ 舍去，那么，可建立准则如下：

（1）当 Δ_x 有两位有效数字时，$|\delta_x|$ 满足不等式 $|\delta_x| < \dfrac{1}{2}\dfrac{|\Delta_x|}{100} = 0.005|\Delta_x|$，$\delta_x$ 即可忽略。

（2）当 Δ_x 有一位有效数字时，$|\delta_x|$ 满足不等式 $\delta_x < \dfrac{1}{2}\dfrac{|\Delta_x|}{10} = 0.05|\Delta_x|$，$|\delta_x|$ 即可忽略。

【例 16.2】 锰铜标准线圈的电阻 - 温度公式为：$R_T = R_{20} + \alpha(t-20) + \beta(t-20)^2$，试确定在怎样的温度范围内，可将该公式看作是线性的，即：$R_T = R_{20} + \alpha(t-20)$。假定测量误差：$\Delta_R/R = 1/10\,000D$，$\Delta_R = \Delta_x = 10^{-4}R$，$\beta = 0.5 \times 10^{-6}R$。

解：

系统误差是由公式线性化引起的，即由 $\beta(t-20)^2$ 所产生，故有

$$|\delta_x| = |\beta|(t-20)^2 = 0.5 \times 10^{-6}R(t-20)^2$$

根据准则可得：$0.5 \times 10^{-6}R(t-20)^2 < 0.5 \times 10^{-4}R$，解得 $10\ ℃ < t < 30\ ℃$。

第四节　随机误差的估计

一、误差的正态分布

首先看一个实际例子，假设对某一零件的长度 L 进行 58 次重复测量，将测得值按等区间进行分组，该区间宽度为 0.002 m，将长度读数按大小排列如表 16.1 所示。

表 16.1　长度频次表

L/m	出现次数	L/m	出现次数	L/m	出现次数	L/m	出现次数
1.755	1	1.761	6	1.765	7	1.769	4
1.758	1	1.762	4	1.766	5	1.770	2
1.759	2	1.763	6	1.767	7	1.771	1
1.760	4	1.764	4	1.768	5	1.774	1

由表 16.1 长度读数最大差值 $\triangle L = 0.019$ m，将其分成 10 组，每组间隔 0.002 m。这 10 组长度读数区间相应的读数次数及相对频数列于表 16.2 中，其中相对频数的意义是长度读数落在某区间的次数占总读数次数的百分比。

表 16.2　区间统计表

组号	长度读数区间	次数	概率	组号	长度读数区间	次数	概率
1	1.755 ~ 1.756	1	1.7%	6	1.765 ~ 1.766	12	20.7%
2	1.757 ~ 1.758	1	1.7%	7	1.767 ~ 1.768	10	17.2%
3	1.759 ~ 1.760	6	10.3%	8	1.769 ~ 1.770	6	10.3%
4	1.761 ~ 1.762	10	17.2%	9	1.771 ~ 1.772	1	1.7%
5	1.763 ~ 1.764	10	17.2%	10	1.773 ~ 1.774	1	1.7%

　　以长度读数 L 为横坐标,纵坐标为相对频数,画出直方图如图 16.5 所示。可以看出,L 读数在 1.765 m 附近的次数最多(概率大),离开 $L=1.765$ m 越远,次数越少(概率小),如将原点移到 $0'$,还可以看出,分布曲线是关于新的纵轴左右对称的,这种随机误差的内在规律称为误差的正态分布。

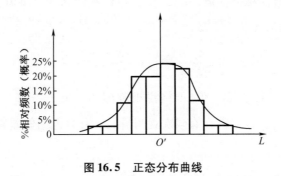

图 16.5　正态分布曲线

　　从正态分布曲线,可以看出随机误差有下列特性:

　　(1)小误差出现的概率大,大误差出现的概率小,绝对值很大的误差出现的概率近于零。

　　(2)绝对值相等的正、负误差出现的概率相等。

　　高斯于 1795 年找出误差函数形式为

$$y = P(x) = \frac{1}{\sqrt{2\pi}\sigma}e^{-x^2/2\sigma^2} \quad (16-12)$$

或

$$y = \frac{h}{\sqrt{\pi}}e^{-h^2x^2} \quad (16-13)$$

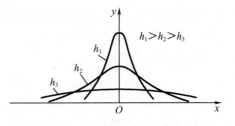

图 16.6　不同精确度指数的误差分布曲线

式中　σ——标准误差;

　　　h——精密度指数;

　　　$P(x)$——概率密度。

　　式(16-13)称为高斯误差分布定律。式中 σ 与 h 有如下关系,即

$$h = \frac{1}{\sqrt{2}\,\sigma} \qquad (16-14)$$

显然,当 $X = 0$ 时有

$$y_0 = \frac{1}{\sqrt{2\pi}\,\sigma}$$

y_0 是误差分布曲线上最高点,它与 σ 成反比,与 h 成正比,因此 h 越大 σ 越小时,曲线中部越高,而两边越陡,说明测量数据很集中,精密度高;反之,曲线平缓说明数据较分散精密度较低。这里也应注意 σ 的数值就是曲线拐点的横坐标,它决定了误差分布范围的大小。

二、随机误差的表示方法

1. 算术平均值与算术平均误差

前面已提到,一个物理量的真值是无法测得的。为了使真值这个概念具有现实的意义,通常可以将真值定义为在无系统误差及过失误差的情况下无限多次观测值的算术均值。但是实际实验中是不可能观测无限多次的,而对于有限次观测值的算术平均值只能称为真值的最佳近似值或简称最佳值,设 $X_1, X_2, \cdots, X_n$ 代表各次观测值,i 代表某一次,n 代表观测次数,则算术平均值 $\overline{X}$ 为

$$\overline{X} = \frac{X_1 + X_2 + \cdots + X_n}{n} = \frac{\sum X_i}{n} \qquad (16-15)$$

当 $n \to \infty$ 时,$\overline{X} \to X_t$,X_t 表示真值,严格说观测值的误差 $\triangle i = X_i - X_t$,而观测值的偏差 $d_i = X_i - \overline{X}$。当 $n \to \infty$ 时,$d_i = \triangle i$,在有限次观测情况下有时也用偏差来代表误差,相应地算术平均误差为

$$\frac{\sum\limits_{i=1}^{n} |d_i|}{n} = \frac{\sum\limits_{i=1}^{n} |X_i - \overline{X}|}{n} (i = 1, 2, \cdots, n) \qquad (16-16)$$

算术平均误差是表示误差的比较好的一种方法。它的缺点是对于大的和小的观测值偏差同样进行平均,因此不能更确切地反映各观测值重复性的好坏。

2. 标准误差(又称均方根误差)

标准误差的定义为

$$\sigma = \sqrt{\frac{\sum d_i^2}{n}} = \sqrt{\frac{1}{n} \sum_{i=1}^{n} (X_i - \overline{X})^2} \qquad (16-17)$$

在有限观测次数情况下,标准误差为(证明参看专书)

$$\sigma = \sqrt{\frac{\sum d_i^2}{n-1}} = \sqrt{\frac{1}{n-1} \sum_{i=1}^{n} (X_i - \overline{X})^2}$$

标准误差对绝对值较大的偏差比较敏感,能很好地反映观测值的集中程度,因而是最重要的一种误差表示方法。

标准误差 σ 恰好是误差分布曲线上拐点的横坐标,由此可知,对于高斯误差分布来说,误差落在 $\pm\sigma$ 区间内的概率为 68.3%,落在 $\pm2\sigma$ 区间的概率为 95%。落在 $\pm3\sigma$ 区间的概率为 99.7%。换言之,误差落在 $\pm3\sigma$ 区间以外的概率只有 0.3%,对有限的观测次数来说,

这种误差几乎是不可能出现的,故:超出 $\pm 3\sigma$ 的误差可以认为不属于偶然误差而是系统误差或过失误差。

【例 16.3】　某次测量得到下列两组数据(单位为 cm)

A 组:2.3,2.4,2.2,2.1,2.0

B 组:1.9,2.2,2.2,2.5,2.2

求各组的算术平均误差与标准误差值。

解:算术平均值为

$$\bar{x}_A = \frac{2.3 + 2.4 + 2.2 + 2.1 + 2.0}{5} = 2.2$$

$$\bar{x}_B = \frac{1.9 + 2.2 + 2.2 + 2.5 + 2.5}{5} = 2.2$$

算术平均误差为

$$\delta_A = \frac{0.1 + 0.2 + 0.0 + 0.1 + 0.2}{5} = 0.12$$

$$\delta_B = \frac{0.3 + 0.0 + 0.0 + 0.3 + 0.0}{5} = 0.12$$

标准误差为

$$\sigma_A = \sqrt{\frac{0.1^2 + 0.2^2 + 0.1^2 + 0.2^2}{5-1}} = 0.16$$

$$\sigma_B = \sqrt{\frac{0.3^2 + 0.3^2}{5-1}} = 0.21$$

由上例可见尽管两组数据的算术平均值相同,但它们的离散情况明显不同。由计算结果可知,只有标准误差能反映出数据的离散程度。实验愈准确,其标准误差愈小,因此标准误差通常被作为评定 n 次测量值随机误差大小的标准。

3. 或然误差

或然误差用 γ 表示,它是误差理论中一个很重要的概念,其意义可表述为:在一组观测值中,误差落在 $+\gamma$ 与 $-\gamma$ 之间的观测次数占总观测次数的一半。

或然误差与标准误差之间有如下关系

$$\gamma = 0.6745\sigma \tag{16-18}$$

高斯误差方程是根据量测次数为无限多时导出的,在有限量测次数时,根据式(16-18)计算误差的精确度较差,这时应按下式计算

$$\gamma = K\sigma$$

式中,k 是与量测次数有关的系数(见表 16.3)。

表 16.3　*K* 值表

量测次数 n	2	3	4	5	6	7	10	∞
系数 K	1.000	0.816	0.766	0.740	0.728	0.718	0.703	0.674

第五节　粗差的判别及剔除

一、处理可疑测量值的基本原则

在进行等精度的多次测量中,有时会发现某一个或几个测量值特别可疑,即相应的残差绝对值特别大。这样的结果,究竟是正常的随机误差呢,还是由于测量中出现粗差的缘故? 这就需要测量人员做出尽可能正确的回答。对这样的测量数据如果处理不当,将会严重歪曲测量结果及其精密度。对可疑测量值不应该为了追求数据的一致性而轻易舍弃。当出现可疑测量值时,应按照下列的基本原则进行处理:

1. 仔细分析产生可疑数据的原因。如果该数据确系粗差所致,则一般总能把这些原因找出来。例如在测量过程中,仪表指示值读错、记错、仪表突然跳动等。这样,便有充分理由把该可疑测量值作为坏值(其相应的误差为粗差,一般由过失误差引起)而剔除,并在测量中消除产生粗差的根源,或在剔除坏值后再进行测量结果的计算。

2. 如果在测量过程中,发现可疑测量值而又不能肯定它是坏值时,可以在维持等精度条件的前提下,多增加一些测量次数,根据随机误差的对称性,很可能出现与上述结果绝对值相近且符号相反的另一个测量值。此时它们对结果的影响便会彼此近于抵消。

3. 根据随机误差的单峰值特性,很大误差出现的机会很少。因此可人为地规定出一个准则,用以判断一个可疑误差究竟是正常的随机误差还是粗差。显然,这样的判别规则必然有一定的假设条件,因而也必然有一定的适用范围。应用最普遍的粗差判别准则有拉依达准则、肖维纳准则和格拉布斯准则等。

二、粗差剔除准则

1. 拉依达(Райта)准则(又称 3σ 准则)

根据随机误差正态分布,误差大于 3σ 的量测数据出现的概率仅为 0.003,这种误差可认为不属于随机误差而是粗差,故应舍弃。此准则容许的误差比较大,舍弃的数据很少,所以它表示的实验精确度是不高的。

2. 肖维纳(W·Chauvenet)准则

在 n 个量测数据中,若偏差大于某值 δ 可能出现的概率等于或小于 $1/2n$ 时,此数据应舍弃,即

$$[1 - P(\delta)] \leqslant \frac{1}{2n}$$

$$P(\delta) \geqslant \frac{2n-1}{2n} \tag{16-19}$$

这一准则又称半次准则,考虑了量测次数较少这一因素。应用时先根据量测次数 n 算出式(16-19)右边数值,再计算出 δ,最后建立判据,即

$$|X_i - \overline{X}| \geqslant \delta \tag{16-20}$$

当可疑数据满足式(16-20)时应舍弃,否则应保留。

3. 格拉布斯(F・E・Grubbs)准则

格拉布斯导出了 $g = \dfrac{X_i - \overline{X}}{\sigma}$ 的分布,根据选定的显著性水平 α 及量测次数 n 得临界值 g_0,并且

$$P(\,|X_i - \overline{X}| \geqslant g_0\sigma) = \alpha \qquad\qquad (16-21)$$

式中,α 是按格拉布斯准则判定为异常数据,而实际不是异常数据,从而犯错误的概率。这种错误是统计方法难以避免的。

当某个量测数据满足下式时应弃去

$$|X_i - \overline{X}| \geqslant g_0\sigma$$

式中,g_0 为临界值。

根据量测次数 n 及选定的显著性水平 α 查表 16.4。

【例 16.4】　若一组量测数据分别为 $X_1 = 45.3, X_2 = 47.2, X_3 = 46.3, X_4 = 48.9, X_5 = 46.9, X_6 = 45.8, X_7 = 46.7, X_8 = 47.1, X_9 = 45.7, X_{10} = 45.1$。试用以上三种取舍准则,舍去可疑数据。

解:算术平均值

$$\overline{X} = \frac{1}{n}\sum X_i = 46.5$$

标准误差

$$\sigma = \sqrt{\frac{\sum d_i^2}{n-1}} = \sqrt{\frac{11.38}{9}} = 1.12$$

(1)3σ 准则,若符合

$$|X_i - \overline{X}| \geqslant 3\sigma, 3\sigma = 3.36$$

应弃去。

$48.9 - 46.5 = 2.4 < 3.36$,故数据应全部保留。

(2)肖维纳准则,根据

$$P(\delta) \geqslant \frac{2n-1}{2n} = 0.95$$

$n = 10, \delta = 2.20$,可见数据 48.9 应舍去。

(3)格拉布斯准则,若符合

$$|X_i - \overline{X}| \geqslant g_0\sigma$$

应弃去。

$n = 10$,选取 $\alpha = 0.05$,由表 16.4 得 $g_0 = 2.18, g_0\sigma = 2.44, |48.9 - 46.5| = 2.4, 2.4 < 2.44$ 数据应全部保留。

按方法(2)舍弃后应重新计算,则

$X_1 = 45.3, X_2 = 47.2, X_3 = 46.3, X_5 = 46.9, X_6 = 45.8, X_7 = 46.7, X_8 = 47.1, X_9 = 45.7, X_{10} = 45.1$

算术平均值 　　　　　　　　　　　　　$\overline{X} = 46.23$

标准误差
$$\sigma = \sqrt{\frac{4.981}{9-1}} = 0.79$$

$$P(\delta) \geqslant \frac{2 \times 9 - 1}{2 \times 9} = 0.944$$

再计算,当 $n = 9$ 时,$\delta = 1.52$,故其余数据应全部保留。

应注意,进行数据取舍时,每次只能舍弃一个数据。先舍弃偏差最大的一个,再进行判断运算,逐次进行取舍,直至满足准则要求为止。否则可能把正常的数据误认为偏差大的数据而同时舍弃。

表 16.4　临界值 g_0 表

$n\alpha$	0.05	0.01	αn	0.05	0.01
3	1.15	1.16	17	2.48	2.78
4	1.46	1.49	18	2.50	2.82
5	1.67	1.75	19	2.53	2.85
6	1.82	1.94	20	2.56	2.88
7	1.94	2.10	21	2.58	2.91
8	2.03	2.22	22	2.60	2.94
9	2.11	2.32	23	2.62	2.96
10	2.18	2.41	24	2.64	2.99
11	2.23	2.48	25	2.66	3.01
12	2.28	2.55	30	2.74	3.10
13	2.33	2.61	35	2.81	3.18
14	2.37	2.66	40	2.87	3.24
15	2.41	2.70	50	2.98	3.34
16	2.44	2.75	100	3.17	3.59

第六节　间接测量误差的估计

在实验中,对长度、质量、位移等物理量能直接测量,但对黏度、速度、流量等物理量一般不能直接测量。对于这些不能直接测量的物理量,一般是通过一些直接测量的数据,再根据一定的函数关系计算出未知的物理量。这种测量称为间接测量。在实际测量工作中,间接测量是非常广泛的。间接测量不可避免地带有一定的测量误差,它与直接测量误差存在什么关系?直接测量的误差应该以怎样规律传递给间接测量呢?函数误差理论就是讨论有关间接测量的误差规律。

间接测量中常有两种问题:

第一个问题(正问题),从直接测量值的精度来估计间接测量值的精度,即精度通过确定的函数是如何综合的。这是在已知函数关系和给定各个直接测量值误差的情况下,计算间接测量值误差的问题,即求函数的误差。或者说是已知自变量的误差求函数的误差。第二个问题(反问题),如果对间接测量值的精度有了一定的要求,那么各个直接测量值应具有怎样的测量精度,才能保证间接测量一定精度的要求。这是在已知函数关系和给定间接测量值误差的情况下,计算各个直接测量值所能允许的最大误差,即已知函数的误差求自变量的误差。这一类型的问题实际上是从精度角度考虑测量方法和测量仪表的选择问题。

一、已知自变量的误差求函数的误差

设间接量测值 Y 与直接量测值 $X_1, X_2, \cdots, X_n$ 间具有如下的函数关系,即

$$Y = f(X_1, X_2, \cdots, X_n)$$

令 $dX_1, dX_2, \cdots, dX_n$ 分别代表 $X_1, X_2, \cdots X_n$ 的误差,dY 代表由 $dX_1, dX_2, \cdots, dX_n$ 引起的 Y 的误差,则

$$Y \pm dY = f(X_1 \pm dX_1, X_2 \pm dX_2, \cdots, X_n \pm dX_n)$$

将上式按泰勒级数展开,并略去二阶以上微量得

$$f(X_1 \pm dX_1, X_2 \pm dX_2, \cdots, X_n \pm dX_n)$$

$$= f(X_1, X_2, \cdots, X_n) \pm \left(\frac{\partial f}{\partial X_1} dX_1 + \frac{\partial f}{\partial X_2} dX_2 + \cdots + \frac{\partial f}{\partial X_n} dX_n \right)$$

可见

$$dY = \frac{\partial f}{\partial X_1} dX_1 + \frac{\partial f}{\partial X_2} dX_2 + \cdots + \frac{\partial f}{\partial X_n} dX_n \qquad (16-22)$$

这是函数 $f(X_1, X_2, \cdots X_n)$ 的全微分,Y 的极限绝对误差

$$dY = \left| \frac{\partial f}{\partial X_1} dX_1 \right| + \left| \frac{\partial f}{\partial X_2} dX_2 \right| + \cdots + \left| + \frac{\partial f}{\partial X_n} dX_n \right| \qquad (16-23)$$

如果分别对 $X_1, X_2, \cdots, X_n$ 进行几次重复量测,根据式(16-22),则单次量测误差

$$dY_i = \frac{\partial f}{\partial X_1} dX_{1i} + \frac{\partial f}{\partial X_2} dX_{2i} + \cdots + \frac{\partial f}{\partial X_n} dX_{ni}$$

将 n 次量测结果两边平方后求和,由于正负误差出现的概率相等,当 n 足够大时,$\sum\limits_{j \neq k}^{n} dX_{ji} X_{ki} = 0$,得

$$\sum_{i=1}^{n} dY_i^2 = \left(\frac{\partial f}{\partial X_1} \right)^2 \sum_{i=1}^{n} dX_1^2 + \left(\frac{\partial f}{\partial X_2} \right)^2 \sum_{i=1}^{n} dX_2^2 + \cdots + \left(\frac{\partial f}{\partial X_2} \right)^2 \sum_{i=1}^{n} dX_n^2$$

两边除 n,开方后得传递的标准误差

$$\sigma_Y = \sqrt{\left(\frac{\partial f}{\partial X_1} \right)^2 \sigma_1^2 + \left(\frac{\partial f}{\partial X_2} \right)^2 \sigma_2^2 + \cdots + \left(\frac{\partial f}{\partial X_n} \right)^2 \sigma_n^2} \qquad (16-24)$$

【例 16.5】　为求得某物体在给定时间间隔内的平均速度,测得时间间隔 t 和物体相应移过的距离 s,若测量误差分别为 dt 和 ds,求所给速度的误差表达式。

解:

速度的函数式
$$v = \frac{s}{t}$$

根据公式
$$dY = \frac{\partial f}{\partial X_1} dX_1 + \frac{\partial f}{\partial X_2} dX_2 + \cdots + \frac{\partial f}{\partial X_n} dX_n$$

速度的误差
$$dv = \frac{\partial v}{\partial s} ds + \frac{\partial v}{\partial t} dt = \frac{1}{t} ds - \frac{s}{t^2} dt$$

二、已知函数的误差求自变量的误差

对于给定函数误差的允许值,由式(16-22)知,自变量可有不同的组合,实际应用比较困难,当直接量测值的误差难以估计时,可按等效传递原理,假定各自变量对函数的影响相等,即

$$\frac{\partial f}{\partial X_1}\mathrm{d}X_1 = \frac{\partial f}{\partial X_2}\mathrm{d}X_2 = \cdots = \frac{\partial f}{\partial X_n}\mathrm{d}X_n \leqslant \frac{\mathrm{d}Y}{n}$$

于是

$$\mathrm{d}X_1 = \frac{\mathrm{d}Y}{n\dfrac{\partial f}{\partial X_1}}, \mathrm{d}X_2 = \frac{\mathrm{d}Y}{n\dfrac{\partial f}{\partial X_2}}, \cdots, \mathrm{d}X_n = \frac{\mathrm{d}Y}{n\dfrac{\partial f}{\partial X_n}} \qquad (16-25)$$

第七节　实验数据处理的基本方法

一、有效数字的截取方法

1. 有效数字的概念

在测量和实验的数据处理中,应该用几位数字来代表测量和实验的结果,这是一件很重要的事情。那种认为在一个数值中小数点后面的位数越多,这个数值就越准确的看法是没有根据的。其实小数点的位置仅仅与所用单位大小有关,小数点的位置并不是决定准确度的标准。那种认为在计算结果中保留的数位愈多愈准确的看法也是没有根据的。由于测量仪表和计算工具有一定的精度等级,无论写多少位数,不可能把准确度提高到超过实际精度所能允许的水平。这一类数据的正确写法是:我们写出这样多的位数,其中除末一位数为欠准或不确定外,其余各位都是准确知道的。这个数据有几位数,我们就说这个数据有几位有效数字。例如微压计的读数为 125.7 mmH₂O,这是由四位数字组成的数,在这四位数中,前面三位是准确知道的,而最后一位 7 通常是靠估计得出的欠准数字,这四个数字对测量结果都是有效的和不可少的,因而 125.7 的有效数字位数是四。

记录测量数值时,一般只保留一位可疑数字(欠准数字)。表示精度(误差)时,一般只取 1~2 位有效数字。书写不带误差的任一数量时,由左起第一个不为零的数一直到最后一个数为止都是有效数字。常数 π, e 以及乘子如 $1/7$ 和 $\sqrt{2}$ 等的有效数字位数,需要几位就可以写几位。

当测量误差已知时,测量结果的有效数字位数的选取应与该误差的位数相一致。例如,某压力测量结果为 125.72 mmH₂O,测量误差为 ±0.1 mmH₂O,则测量结果应改写为 125.7 mmH₂O。

2. 多余有效数字的处理

数字运算时,当需要的有效数字位数确定后,多余有效数字应一律舍弃进行凑整,称为数据修约。数据修约规则有三条:

(1)若舍去部分的数值,大于所保留的末位的 0.5,则末位加 1。

(2)若舍去部分的数值,小于所保留的末位的 0.5,则末位数不变。

(3)若舍去部分的数值,等于所保留的末位的 0.5,则末位凑成偶数。即当末位为偶数

0,2,4,6,8 时,则末位不变;当末位为奇数 1,3,5,7,9 时,则末位加 1 变为偶数。以上数字修约规则的口诀是:五下舍去五上进,奇收偶弃系五整。

例如将下列左面六个数修约到四位有效数字,箭头右面的数是修约后的答数:

3. 141 59→3. 142;

1. 732 50→1. 732;

5. 623 50→5. 624;

6. 370 501→6. 371;

7. 619 499→7. 619。

由于数字修约而引起的误差称为舍入误差,也叫凑整误差。采用修约规则第(3)条的目的,不但可以使末位成为偶数以便于以后的计算,更主要的是使凑整误差成为随机误差而不造成系统误差。

3. 参加中间运算的有效数字位数的处理

在数据处理中,通常需要运算一些准确度不相等的数值。在此数据运算中,按一定规则计算,既可提高计算速度、节省时间,又可避免由于计算过繁引起的误差,下列是一些常用的基本规则。

(1)加法运算

在各数中,以小数位数最少的数为准,其余答数均凑整成比该数多一位。

例如,60.4 + 2.02 + 0.222 + 0.0467→60.4 + 2.02 + 0.22 + 0.05 = 62.69。

(2)减法运算

当相减的数差得较远时,有效数字的处理与加法相同。但如果相减的数非常接近,由于将失去若干有效数字,因而除了尽量多保留有效数字外,应从计算方法或测量方法上加以改进,使之不出现两个接近的数相减的情况。

(3)乘除法运算

在各数中,以有效数字位数最少的数为准,其余各数及积(或商)均凑整成比该数多 1位。例如,603.21 × 0.32 ÷ 4.011→603 × 0.32 ÷ 4.01 = 48.1。

(4)计算平均值

若为四个或超过四个数相平均,则平均值的有效数字位数可增加一位。

(5)乘方及开方运算

运算结果比原数据多保留一位有效数字。例如,$25^2 = 625$;$\sqrt{4.8} = 2.19$。

(6)对数运算

取对数前后的有效数字位数应相等。例如,lg2.345 = 0.370 1,lg2.345 6 = 0.370 25。

二、列表法表示实验数据

将实验数据按一定规律用列表方式表达出来是记录和处理实验数据最常用的方法。表格的设计要求对应关系清楚、简单明了、有利于发现相关量之间的物理关系;此外还要求在标题栏中注明物理量名称、符号、数量级和单位等;根据需要还可以列出除原始数据以外的计算栏目和统计栏目等。最后还要求写明表格名称、主要测量仪器的型号、量程和准确度等级、有关环境条件参数如温度、湿度等。

列表法具有简单易作、形式紧凑及便于比较等优点。

使用列表法时应注意:

1. 数据写法应整齐统一,例如同组实验数据、小数点及各位数字应对齐,数字过大或过小时应写成 $a \times 10^{\pm n}$ 的形式,并尽可能将 $10^{\pm n}$ 部分统一在表头中考虑。

2. 自变量 X 间距的选择应大小合适,过大时需内插值多且不准确,过小则使篇幅太大。

3. 数据有效位数应与实验能达到的精度协调一致。

三、图示法表示实验数据

图示法是用几何图形来表示实验数据,如图 16.7 所示。这是一种极为重要的方法,其突出优点是它的直观性,即能使数据的变化规律,如增减性、变化率的大小、极值、转折点、周期性等看起来一目了然。此外,如图形作得准确。还可从图上直接求微分或积分,而不必知道变量间的解析表达式。

使用图示法应注意:

1. 根据需要选择合适的坐标,如直角坐标、对数坐标或半对数坐标等,有时如将变量加以变换,以得到直线图形,可能会带来某些方便。

2. 坐标的分度应使每一实验点在坐标上迅速方便地找到。

3. 坐标的最小分格应与被测量误差相协调、坐标的起点不一定从零点开始,终点的选择以使图形在坐标中占得较满为合适,如图 16.7 所示。其中,图 16.7(a)分度合理,图 16.7(b)纵轴分度过细,图 16.7(c)纵轴分度过粗。

4. 所作曲线应连续光滑并尽量与所有实验点(确有根据被舍弃的点除外)相接近。

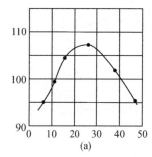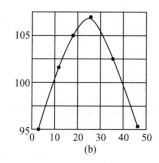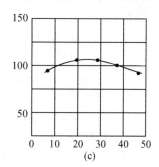

图 16.7　图示法表示实验数据

四、回归分析

表达变量之间关系的方法有表格、图示、数学表达式等,其中数学表达式能较客观地反映事物的内在规律性,形式紧凑,且便于从理论上做进一步分析研究,对认识自然界量与量之间关系有着重要意义,而数学表达式的获得是通过回归分析方法完成的。

回归分析是处理变量之间相互关系的一种数理统计方法。回归分析是应用数学的方法,对大量的实验数据进行处理和分析,从而得出能正确反映变量之间相互关系的规律,也就是通过回归分析可以得出描述几个存在相互关系的变量之间的数学表达式——回归方程。在对测量值的处理、经验公式的求取、影响测量精度的分析,以及新标准的制定乃至仪器仪表的质量分析等方面,广泛应用着回归分析这一重要的数学工具。应用所得到的回归方程,可根据一些变量的取值去预测或控制另一个变量的变化,并分析这些变量对另一个变量影响程度的大小。在测量技术中应用最多的是一元线性回归和多元线性回归。

1. 一元线性回归方程

一元回归是用于处理两个变量之间关系的一种方法。若已知变量 x 和 y 之间存在着一定的关系,变量 y 的值在某种程度上是随另一个变量 x 的变化而变化的,通常称 y 为因变量,x 为自变量。由实际测量中可以得到 x,y 两个变量的若干对应数据,通过对这些数据的分析,可以找出两个变量之间关系的经验公式。如果两个变量之间的关系是线性的,就称之为一元线性回归。一元线性回归的数学模型为

$$Y = a + bX \tag{16-26}$$

式中,a,b 为通过测量的一组测量值来确定的待定常数和系数。

对于有些非线性的经验公式,可通过变量变换的办法使其线性化。例如:

$$Y = aX^n$$

可将两边取对数(这里为简便、对数的底均略去不写)

$$\ln y = \ln a + n \ln x$$

如做变换 $Y' = \ln Y, X' = \ln X, a' = \ln a$ 可得线性函数

$$y' = a' + nx'$$

表 16.5　常见函数图形与线性变换公式

图形及特征	名称及方程
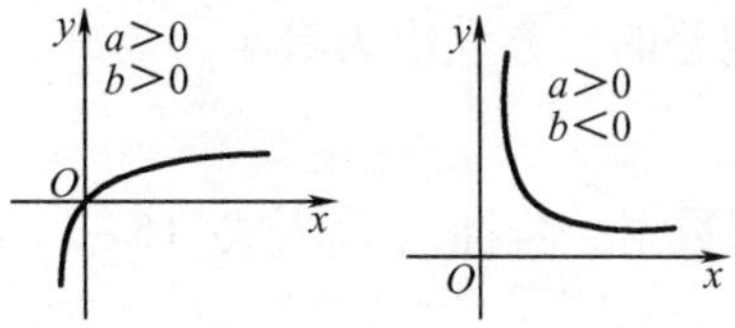	双曲线 $$\frac{1}{Y} = a + \frac{b}{X}$$
	令　$Y' = \dfrac{1}{Y}, X' = \dfrac{1}{X}$ 则　$Y' = a + bX'$
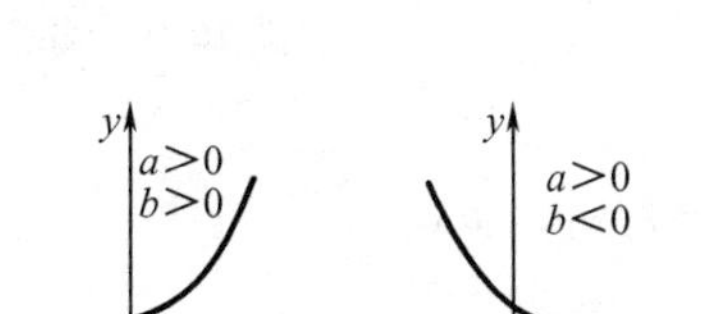	幂函数曲线 $$Y = aX^b$$
	令　$Y' = \ln Y, X' = \ln X, a' = \ln a$ 则　$Y' = a' + bX'$
	指数函数曲线 $$Y = ae^{bX}$$
	令　$Y' = \ln Y, a' = \ln a$ 则　$Y' = a' + bX$

表 16.5(续)

图形及特征	名称及方程
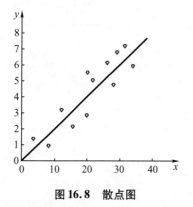 图形（略）	对数曲线 $Y = a + \ln X$
	令　$X' = \ln X$ 则　$Y = a + bX'$

（表中图形上标注：左图 $a>0$, $b>0$；右图 $a>0$, $b<0$）

2. 最小二乘法

一元线性回归是处理两个变量间的关系。如果将实验所得因变量 Y 与自变量 X 间的一组数据绘在 x,y 坐标平面上，得出如图 16.8 所示的散点图。若散点图上两个变量间基本上呈线性关系，就可以用直线方程来表示，即

$$\hat{Y} = a + bX \qquad (16-27)$$

式（16-27）称为 Y 对 X 的回归方程，函数图形称为回归直线。a 为常数项，斜率 b 称为回归系数。

在图 16.8 散点附近可作无穷多条直线，但回归直线应是所有直线中最接近实验点的一条直线。因此回归直线方程与全部量测值偏差的平方和应为最小。为此，可根据最小二乘法来确定一条最佳直线。

若以 $X_i, Y_i (i=1,2,\cdots,n)$ 代表一组量测数据。若将 X_i 代入式（16-27）得 $\hat{Y}_i$，一般不等于 Y_i，如图 16.9 所示。

图 16.8　散点图

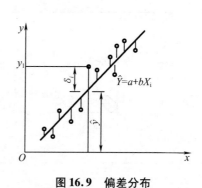

图 16.9　偏差分布

其偏差
$$\delta_i = Y_i - \hat{Y} = Y_i - a - bX_i$$

总偏差平方和为

$$Q = \sum_{i=1}^{n} \delta_i^2 = \sum_{i=1}^{n} (Y_i - a - bX_i)^2 \qquad (16-28)$$

因回归直线是偏差平方和 Q 为最小的一条直线，即回归系数 b，常数 a 应使 Q 达到最小值。为此将式（16-28）分别对 a 和 b 求导，并使之等于零。

根据
$$\frac{\partial Q}{\partial a} = -2 \sum_{i=1}^{n} (Y_i - a - bX_i) = 0$$

得
$$a = \overline{Y} - b\overline{X} \qquad\qquad (16-29)$$

式中
$$\overline{X} = \frac{1}{n} \sum_{i=1}^{n} X_i ; \overline{Y} = \frac{1}{n} \sum_{i=1}^{n} Y_i$$

再根据
$$\frac{\partial Q}{\partial b} = -2 \sum_{i=1}^{n} (Y_i - a - bX_i) X_i = 0$$

并将式(16-29)代入上式经整理后得

$$b = \frac{\sum_{i=1}^{n} (X_i - \overline{X})(Y_i - \overline{Y})}{\sum_{i=1}^{n} (X_i - \overline{X})^2} \qquad\qquad (16-30)$$

由式(16-29)和式(16-30)可见,a 和 b 完全取决于量测值。于是式(16-27)的具体形式便完全确定。

回归方程的特点:

(1)从式(16-29)可知,当 $X_i = \overline{X}$ 时,$Y_i = \overline{Y}$。即回归直线通过散点中心,这点对作回归直线是很有帮助的;

(2)从式(16-30)可知,分母是所有量测值 X_i 的偏差平方和,一般是大于零的正数。因此,回归系数 b 的符号取决于分子,即偏差$(X_i - \overline{X})$与$(Y_i - \overline{Y})$的乘积之和。当 $b>0$,回归直线的斜率为正,Y 随 X 的增加而增加;当 $b<0$,则相反。

3. 多元线性回归分析

前面讨论的是两个变量间的回归分析。实际问题自变量通常不止一个,分析这类多变量的相关问题称为多元回归分析。对多元回归仍以线性回归为主,因为许多非线性问题都可以转化为线性回归来处理。多元线性回归分析的原理与一元线性回归分析完全相同,但计算要复杂得多。下面先讨论二元线性回归分析。

(1)二元线性回归方程
$$\hat{Y} = a + b_1 X_1 + b_2 X_2 \qquad\qquad (16-31)$$

式(16-31)在几何上表示一平面,如图16.10所示。式中 a 为常数项,b_1 和 b_2 分别称为 Y 对 X_1 和 X_2 的回归系数。在几何方面 b_1 为 ABC 平面与 YOX_1 交线的斜率,b_2 为 ABC 平面与 YOX_2 交线的斜率。

回归方程的最佳形式,仍然是根据最小二乘法来确定 a,b_1,b_2。从而使量测值与回归值之差(称余差)的平方和 Q 为最小。

$$Q = \sum_{i=1}^{n} (Y_i - \hat{Y})^2 = \sum_{i=1}^{n} (Y_i - a - b_1 X_{1i} - b_2 X_{2i})^2$$

根据
$$\frac{\partial Q}{\partial a} = 0$$

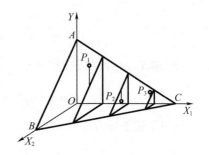

图16.10　二元线性回归散点图

得
$$a = \overline{Y} - b_1\overline{X}_1 - b_2\overline{X}_2 \tag{16-32}$$
式中

$$\overline{Y} = \frac{\sum_{i=1}^{n} Y_i}{n}; \overline{X}_1 = \frac{\sum_{i=1}^{n} X_{1i}}{n}; \overline{X}_2 = \frac{\sum_{i=1}^{n} X_{2i}}{n}$$

同理,对于 b_1 及 b_2

$$\frac{\partial Q}{\partial b_1} = 0, \frac{\partial Q}{\partial b_2} = 0$$

经整理得

$$\sum (X_{1i} - \overline{X}_1)^2 b_1 + \sum (X_{1i} - \overline{X}_1)(X_{2i} - \overline{X}_2)^2 b_2$$
$$= \sum (X_{1i} - \overline{X}_1)(Y_1 - \overline{Y})$$
$$\sum (X_{2i} - \overline{X}_2)(X_{1i} - \overline{X}_1) b_1 + \sum (X_{2i} - \overline{X}_2)^2 b_2$$
$$= \sum (X_{2i} - \overline{X}_2)(Y_i - \overline{Y}) \tag{16-33}$$

上式是确定 b_1 和 b_2 的正规方程式,其中除 b_1 和 b_2 外都是已知的。为便于运算,引用下列符号

$$S_{11} = \sum (X_{1i} - \overline{X}_1)^2$$
$$S_{22} = \sum (X_{2i} - \overline{X}_2)^2$$
$$S_{12} = S_{21} = \sum (X_{1i} - \overline{X}_1)(X_{2i} - \overline{X}_2)$$
$$S_{1y} = \sum (X_{1i} - \overline{X}_1)(Y_i - \overline{Y})$$
$$S_{2y} = \sum (X_{2i} - \overline{X}_2)(Y_i - \overline{Y})$$

经整理,式(16-33)得到如下简单形式

$$S_{11}b_1 + S_{12}b_2 = S_{1y}$$
$$S_{21}b_1 + S_{22}b_2 = S_{2y} \tag{16-34}$$

解上面两式得

$$b_1 = \frac{S_{1y}S_{22} - S_{2y}S_{12}}{S_{11}S_{22} - S_{12}^2}$$
$$b_2 = \frac{S_{2y}S_{11} - S_{1y}S_{21}}{S_{11}S_{22} - S_{12}^2} \tag{16-35}$$

(2)多元线性回归方程

$$Y = a + b_1X_1 + b_2X_2 + \cdots + b_nX_n = a + \sum_{i=1}^{n} b_iX_i \tag{16-36}$$

按照上述推导方法,根据最小二乘法,使

$$Q = \sum_{i=1}^{n} \left[Y_i - \left(a + \sum_{i=1}^{n} b_jX_{ji} \right) \right]^2 = 最小$$

将上式分别对 $a, b_1, b_2, \cdots, b_n$ 求偏导数,并令其等于零,经整理得

$$S_{11}b_1 + S_{12}b_2 + \cdots + S_{1n}b_n = S_1$$
$$S_{21}b_1 + S_{22}b_2 + \cdots + S_{2n}b_n = S_2$$

$$\cdots$$
$$S_{n1}b_1 + S_{n2}b_2 + \cdots + S_{nn}b_n = S_n$$

联立求解得 $\qquad\qquad b_1, b_2, \cdots, b_n。$

再求 $\qquad a = \overline{Y} - b_1\overline{X}_1 - b_2\overline{X}_2 - \cdots - b_n\overline{X}_n = \overline{Y} - \sum_{i=1}^{n} b_i\overline{X}_i$ （16-37）

多元线性回归是一种很有用的统计方法。但随着自变量数目的增加,计算越来越复杂。而且回归系数间存在相关性,当剔除一个自变量后,必须重新计算。为简化计算,消除回归系数的相关性,提出了正交多项式等方法。限于篇幅,不再介绍。

第八节 Excel 在实验数据处理中的应用

Excel 不仅提供了完整的算术运算符,如 + 、- 、* 、/、% 、^等,还提供了丰富的内置函数（公式）,如 SUM(求和)、AVERAGE(求算术平均值)、STDEV(求标准差)等,从而可以根据数据处理需要,建立各种公式,对数据执行计算操作,生成新的数据。

另外,Excel 提供了众多的回归分析手段,如分析工具库、图表功能和内置函数都能用于回归分析。

一、Excel 在误差分析中的应用

【例 16.8】 某试验测得两组数据如下:

第一组 4.9,5.1,5.0,4.9,5.1

第二组 5.0,4.8,5.0,5.0,5.2

求平均值 $\bar{x}$、算术平均误差 δ、标准误差 s 并分析其准确度及精密度。

解:

第一组测量:

算术平均值 $\qquad \bar{x} = \dfrac{4.9 + 5.1 + 5.0 + 4.9 + 5.1}{5} = 5.0$

算术平均误差 $\qquad \delta = \dfrac{0.1 + 0.1 + 0 + 0.1 + 0.1}{5} = 0.08$

标准误差 $\qquad s = \pm\sqrt{\dfrac{0.1^2 + 0.1^2 + 0^2 + 0.1^2 + 0.1^2}{5-1}}$

第二组测量:

算术平均值 $\qquad \bar{x} = \dfrac{5.0 + 4.8 + 5.0 + 5.0 + 5.2}{5} = 5.0$

算术平均误差 $\qquad \delta = \dfrac{0 + 0.2 + 0 + 0 + 0.2}{5} = 0.08$

标准误差 $\qquad s = \pm\sqrt{\dfrac{0.2^2 + 0.2^2}{5-1}}$

用 Excel 电子表格进行上述数据分析的步骤如下:

首先打开电子表格,在 A1 单元格到 E1 单元格内输入第一组数据

	A	B	C	D	E
1	4.9	5.1	5	4.9	5.1

,用鼠标单击 F1 单元格 然后将鼠标

指针移动到编辑栏图标 f_x 插入函数 处,单击左键,弹出"插入函数"对话框,如图 16.11 所示,在
"或选择类别(C):"项下选择"统计",在"选择函数(N):"项下选择"AVERAGE"平均值函
数后,单击"确定"按钮,弹出"函数参数"对话框,如图 16.12 所示。在"Number1"项内填入
"A1:E1",它表示选中了 A1 到 E1 单元格中的数据进行平均值计算,单击"确定"按钮,即完
成了平均值的计算;同理,在 3 单元中分别填入公式 f_x =STDEV(A1:E1) 和
f_x =AVEDEV(A1:E1),可计算出 s 和 δ。用同样的方法计算出第二组数据,计算结果如图
16.13 所示。

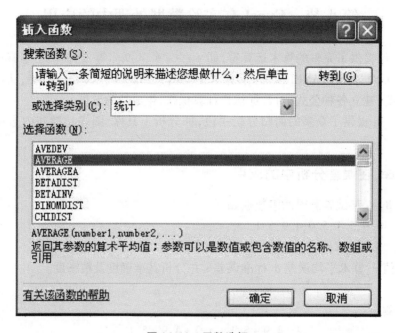

图 16.11 函数选择

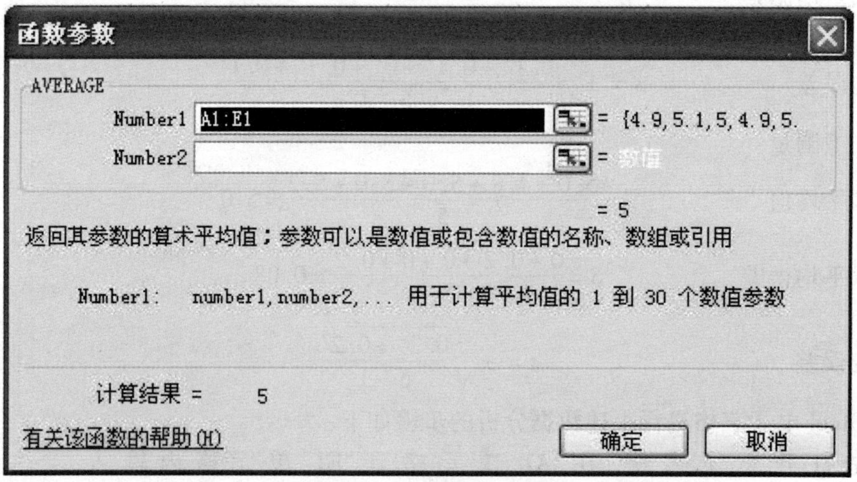

图 16.12 函数参数输入

	A	B	C	D	E	F	G
1	4.9	5.1	5	4.9	5.1	5	$\overline{x}$
2			第一组数据			0.1	s
3						0.08	δ
4	5	4.8	5	5	5.2	5	$\overline{x}$
5			第二组数据			0.141421	s
6						0.08	δ

图 16.13　计算结果

从图 16.13 的计算结果可知：

①两组数据的平均值一样,即测量的准确度一样；

②两组数据的测量精密度实际上不一样因为第一组数据的重现性较好,但此时的算术平均误差 δ 是一样的,显然 δ 未能反映出精密度来,标准误差 s 的计算结果说明第一组测量数据比第二组精密度高。

标准误差不仅仅是一组观测值的函数,而且更重要的是标准误差对一组测量中的大误差及小误差反应比较敏感。因此,在实验中广泛采用标准误差来表示测量的精密度。

二、Excel 在回归分析中应用

【例 16.9】　研究腐蚀时间与腐蚀深度两个量之间的关系,可把腐蚀时间作为自变量 x,把腐蚀深度作为因变量 y,将实验数据记录在表 16.6 中,求出 x 与 y 之间的线性关系表达式。

表 16.6　试验数据

时间 $x/\min$	3	5	10	20	30	40	50	60	65	90	120
腐蚀深度 $y/\mu m$	40	60	80	130	160	170	190	250	250	290	460

首先打开 Excel,

(1)在 A,B 列输入 x,y 值,如图 16.14 所示。

(2)用鼠标选中 x,y 的数据区域,如图 16.15 所示。

(3)将鼠标指针移到 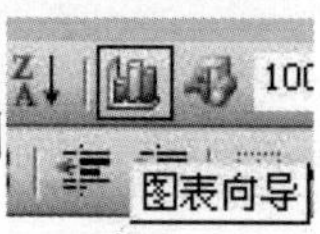　　　　　　　"图表向导"的工具按钮上,单击鼠标左键。弹出一

对话框,选择"XY 散点图",单击下一步,如图 16.16 所示。

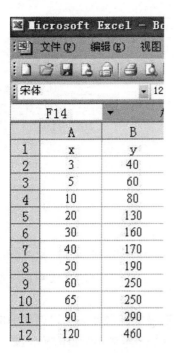

图 16.14　AB 列表

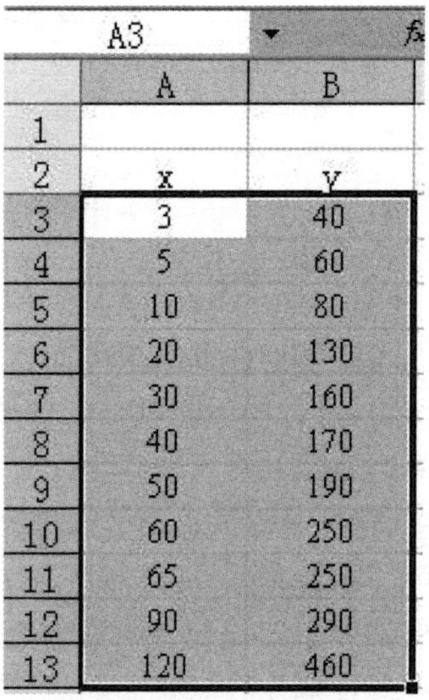

图 16.15　数据区域图

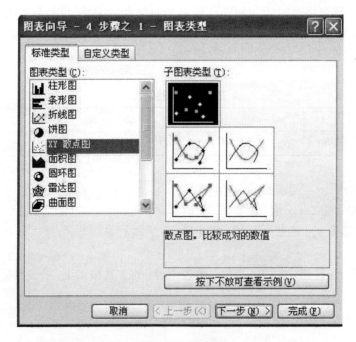

图 16.16　散点图

　　(4)弹出如图 16.17 所示的对话框,选择"系列产生在"项下的"列(L)",单击下一步,弹出如图 16.18 所示的对话框,按图中的提示在标题栏内填入相应的文字说明,单击下一步,对出现在屏幕上的图形进行适当的调整后,即可做出如图 16.19 所示的 XY 散点图。将鼠标指到任何一个散点上,单击鼠标左键,激活所有的散点,然后单击鼠标右键,会弹出一个菜单,如图 16.20 所示。

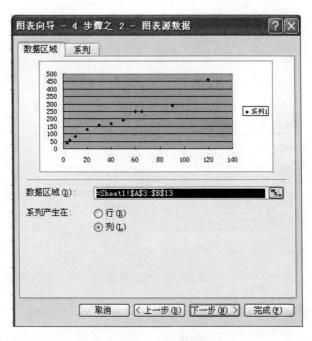

图 16.17　图表源数据

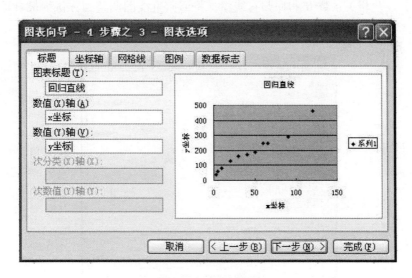

图 16.18　图表选项

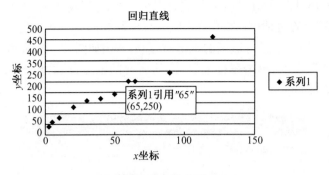

图 16.19　散点图

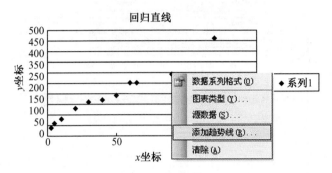

图 16.20　散点激活

(5)选择"添加趋势线(R)"项,弹出一对话框(如图 16.21 所示),在"类型"项下选中如图的"线性(L)"后,单击"选项"栏,出现另一对话框(如图 16.22 所示),在"趋势线名称"项下,填入"回归直线",在"趋势预测"项下,选中如图 16.22 所示的内容,单击确定按钮,即得到了回归方程、相关系数 R 和回归直线图。将回归直线图调整到你认为最合适的位置即可如图 16.23 所示。

图 16.21　添加趋势线(一)

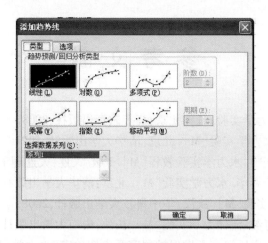

图 16.22　添加趋势线(二)

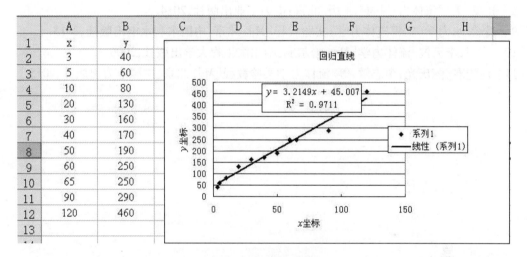

图 16.23　调整回归直线图

　　用计算机进行线性回归,使得一项烦琐的数据计算工作,变成了一种计算机游戏。如果你输入的原始数据没有错误的话,计算结果是绝对不会错的,它不仅大大提高了你的工作效率,而且使线性回归具有了一定的趣味性。如果你再配上一些好看的颜色,那更是一种享受。读者可以用各种方法试一试,相信你会做出比本书示例更好的图形。

参 考 文 献

［1］毛根海.应用流体力学实验［M］.北京:高等教育出版社,2008.

［2］冬俊瑞,黄继汤.水力学实验［M］.北京:清华大学出版社,1991.

［3］尚全夫,崔莉,王庆国.水力学实验教程［M］.2版.大连:大连理工大学出版社,2007.

［4］贺五洲,陈嘉范,李春华.水力学实验［M］.北京:清华大学出版社,2005.

［5］莫乃榕.工程力学实验［M］.武汉:华中科技大学出版社,2008.

［6］王英,谢晓晴,李海英.流体力学实验［M］.长沙:中南大学出版社,2005.

［7］四川大学水力学与山区河流开发保护国家重点实验室.水力学［M］.北京:高等教育出版社,1991.

［8］孔珑.工程流体力学［M］.4版.北京:电力工业出版社,2014.

［9］奚斌.水力学(工程流体力学)实验教程［M］.北京:中国水利水电出版社,2013.

［10］张亮,李云波.流体力学［M］.哈尔滨:哈尔滨工程大学出版社,2006.

［11］时连君,陈庆光,李志敏,等.流体力学实验教程［M］.北京:中国电力出版社,2015.